나의
프랑스식
샐러드

일러두기

· 재료는 2인분을 기준으로 했습니다. 특별한 경우 따로 표기했습니다.

· 요리 재료의 올리브 오일은 모두 엑스트라 버진 올리브 오일입니다. 퓨어 올리브 오일을
  써도 되나 엑스트라 버진 올리브 오일을 추천하며, 반드시 써야 할 요리는 엑스트라 버진
  올리브 오일이라고 적었습니다.

· 삶거나 데치는 데 필요한 물은 재료에서 생략하고 만드는 과정에서 밝혀 적었습니다.

· 메뉴별 전체 소요 시간에서 곡물을 불리거나 재료를 재워두는 등 미리 작업해두는 시간은
  포함하지 않았습니다.

나의
프랑스식
샐러드

이선혜 지음

b.read

쉽고, 맛있고, 근사하게

나는 요리 전문가가 아닌 인테리어 디자이너다. 그런데 요리책을 내게 되었다. 아니, 그래서 요리책을 낼 수 있었다는 것이 맞겠다. 요리가 일상이어서 '어떻게 하면 맛있을까, 쉽게 만들까, 근사해 보일까'를 늘 생각했다. 그래서 내 음식은 쉽다. 일하면서, 아이 키우면서 해먹을 수 있는 만만한 레시피다.

나의 요리 궁리는 프랑스 유학 시절 기숙사에서 시작됐다. 재료도, 도구도 마땅치 않아 한국 음식이 생각나면 숟가락 두 개로 수제비를 뜨고, 휴대용 전기레인지 위에서 호떡을 굽고, 래디시로 겉절이를 버무렸다. 그래서 방에는 늘 친구들이 북적거렸고, 내 방은 "이선혜 레스토랑"이라고 불렸다.

30~40대 때는 일하면서 밥 해먹고, 인테리어 회사를 운영하면서 손님을 초대했으며, 정통 조리법에서 재료의 가짓수와 요리 시간를 줄이는 레시피, 식어도 맛있는 음식 등을 궁리했다. 그릇을 하나둘 사 모으기 시작한 것도 그때쯤이다.

이후 10년은 올리브 오일을 만나 레스토랑까지 열게 된 우연의 시간이다. 예쁜 패키지에 끌려 '오 데 올리바'라는 올리브 오일을 수입하다가 올리브 오일 맛에 반해 작은 식료품 가게를 열었다. 유럽의 식료품점처럼 식재료와 테이크아웃 샐러드를 몇 가지 팔았는데 사람들이 "점심 먹으러 와도 돼요?" 하는 바람에 주객이 전도되어 지중해 레스토랑 '빌라 올리바'를 열기에 이르렀다. 나의 그릇과 요리법을 궁금해하는 사람들이 많아 접시와 식탁 매트 등 리빙용품도 팔고, '이렇게 쉬운 샐러드'를 사 먹는 것이 안타까워 쿠킹 클래스도 열었다.

되돌아보니 나의 요리에 영향을 준 세 여인이 있다. 첫 번째는 나의 엄마. 엄마는 외할머니를 닮아 손맛이 좋은 종갓집 맏며느리였다. 한식뿐 아니라 1970~1980

년대 시절에 스테이크, 스튜, 케이크 등 오븐 요리를 해주던 모험심 많은 멋쟁이였다. 나의 '창작 요리'는 그녀에게서 비롯됐다. 두 번째는 유학 시절 만난 남편의 어머니, 프랑스인 시어머니다. 요리 학교를 다녀본 적이 없는 나는 프랑스 전통 요리에 능통한 어머니의 부엌에서 가정식 소스와 프랑스 요리의 기본을 익혔다. 책에 소개한 샐러드드레싱도 그 시절 어깨너머로 본 것을 응용한 레시피다. 세 번째는 한국에 돌아와 만난 프랑스 학교 교장의 부인 녕(Nhyung)이다. 그녀의 집에서 지중해 음식을 맛보던 즐거운 시간을 잊지 못한다. 그 시절을 통해 나는 건강한 가정식에 눈을 떴다.

책에 차가운 샐러드와 더불어 팬에서 굽는 따뜻한 샐러드를 많이 실었다. 채소는 자르고 굽는 방법에 따라 맛과 식감이 달라진다. 한 끼 식사로, 초대 음식으로 활용하는 메뉴들이다. 구하기 쉬운 재료, 두루 쓰기 편하고 반응이 좋던 조리법을 모았다. 샐러드에서 레시피만큼 사람들이 어려워하는 플레이팅을 보여주려고 그릇과 담음새가 드러나도록 신경 썼다. 레시피에는 세월을 들이며 터득한 요령을 담았다. 그러나 똑같이 해도 도구와 사람에 따라 조금씩 다르게 완성될 것이다. 맘에 드는 메뉴를 골라 세 번씩 해보기를 권한다. 그러면 누구나 자신만의 음식으로 즐겁고 건강한 식탁을 차릴 수 있다. 나의 주방에는 30여 년 전 기숙사에서 쓰던 필러가 있다. 여전히 채소를 손질할 때면 손에 익은 그 필러를 집는다. 음식의 시간이다.

2020년 여름
남산자락 아래서, 이선혜

Contents

샐러드가 달라지는
특별한 팁

샐러드를 풍요롭게 하는
부재료들

<u>올리브</u> 한식에 쪽파를 다져 넣듯 프랑스 사람들은 샐러드에 그린 올리브를 섞는다. 그린 올리브는 프레시하고, 블랙 올리브는 익어서 깊은 맛이 난다. 블랙 올리브는 주로 뜨거운 요리에 다져 넣거나 하는데 우리나라 사람들은 블랙 올리브가 맛이 진하고 부드러워 더 좋아한다. 그래서 나는 샐러드에도 블랙과 그린을 섞어 넣는다.

견과류 호두, 아몬드, 잣, 피스타치오 등 견과류를 달군 팬에 기름 없이 살짝 구우면 고소해진다. 영양 보충도 되고 다양한 식감도 즐길 수 있다.

달걀 채소 위주의 샐러드에 달걀을 넣으면 단백질을 보충할 수 있고, 달걀로 포만감이 생겨 한 끼 식사도 된다. 수란, 반숙, 완숙, 프라이 등 조리법을 달리해 곁들인다.

치즈 페타 치즈, 리코타 치즈, 파르메산 치즈는 샐러드에 두루 어울린다. 염소 젖, 양 젖으로 만든 페타 치즈는 지중해 지역에서 즐겨 먹는 치즈로 우리 입맛에 잘 맞는다. 고형이지만 질감이 부드러워 손으로 툭툭 잘라 다양한 형태로 샐러드를 장식할 수 있다. 파르메산 치즈는 고소하고 풍미가 좋다. 가루보다 고형을 쓰는 게 좋고 그레이터에 갈거나 필러로 길게 잘라 토핑으로 쓰면 멋스럽다. 진하고 크리미한 질감의 리코타 치즈는 홈메이드로 직접 만들곤 하는데 플레인 요구르트를 걸러 리코타 치즈 대용으로 쓰면 간편하다. 플레인 요구르트를 커피 필터나 면포에 밭쳐 냉장고에 하룻밤 두면 유청이 빠지면서 크리미한 질감이 된다.

허브와 향신료

로즈메리와 타임 생선이나 고기를 재울 때, 구워낼 때 로즈메리와 타임을 넣으면 잡내를 잡아준다. 고기나 생선을 굽고 남은 기름에 넣어 잔열로 향을 내 사용한다. 두 종류는 생것으로 써야 향이 풍부하다. 화분으로 기르면서 필요할 때마다 뜯어 쓰면 유용하다.

셀러리잎과 파슬리 파슬리는 비교적 구하기 쉬운 허브이고, 냉장고에서도 오래간다. 셀러리는 보통 줄기만 쓰는데 잎은 그대로 올리거나 채 쳐서 올려 토핑 재료로 활용하면 좋다.

딜과 민트 딜과 민트는 생것도 좋지만 말린 것으로 갖춰두면 유용하다. 특히 딜과 민트는 초록빛을 더하는 토핑으로 쓴다. 냉장 보관하면 초록빛이 오래 유지된다.

갈릭 파우더 다진 마늘을 넣으면 맛이 강한데 갈릭 파우더는 맛이 강하지 않으면서 개운해서 샐러드에 넣기 좋다. 고기, 생선, 곡물이 들어가는 샐러드에 잘 어울린다.

강황 가루 감자나 쌀, 콜리플라워처럼 밋밋한 재료에 넣으면 예쁜 노란색이 된다. 1작은술 정도 넣어 익히면 강황 가루의 쓴맛이 나지 않으면서 색감이 산다.

파프리카 파우더 파프리카의 맛이 농축된 빨간 가루. 몸에 좋은 파프리카를 샐러드에 더할 수 있어 좋고, 빨간색이 음식에 포인트를 주어 뿌리는 방법에 따라 그림 그리듯 멋을 낼 수 있어 애용한다.

핑크 페퍼 통후추와 더불어 즐겨 쓰는 향신료다. 빨간 빛깔이 음식에 생기를 준다. 핑크 페퍼는 그라인더가 아닌 손으로 부수어 뿌린다. 매운맛은 거의 없고 향이 좋아 덩어리로 씹혀도 부담이 없다.

파프리카 파우더   강황 가루   핑크 페퍼

갈릭 파우더   민트 가루   딜 가루

타임

로즈메리

자르는 방법에 따라
채소 식감이 달라진다

애호박을 꼭지까지 살려 세로로 길게 썰면 동그랗게 잘라 부친 애호박전과는 다른 느낌이 난다. 깍둑썰기한 당근과 필러로 얇게 켠 당근은 조리법도 식감도 다르다. 이렇게 채소는 자르는 방법에 따라 식감, 조리법, 담는 법, 심지어 먹는 양도 달라진다.

꼭지 살려 자르기 애호박, 주키니, 가지 등은 꼭지를 살려 썰면 모양이 멋스럽다.

필러 사용하기 필러로 얇게 켜면 익히지 않아도 양념이 잘 배고 식감이 부드러워 부담 없이 먹기 좋다.

큼직하게 썰기 양배추나 적양배추는 주로 채썰기해서 샐러드로 먹는데 웨지 모양으로 큼직하게 잘라 구우면 스테이크 분위기를 낼 수 있다.

모양을 살리거나 채 치거나 펜넬과 셀러리도 써는 방법에 따라 다양하게 활용할 수 있다. 펜넬은 단단하므로 둥근 모양을 살려 납작하게 썰어 굽거나 채썰기 등으로, 셀러리는 줄기뿐 아니라 잎까지 떼어 통으로 쓰거나 채 썰어 사용한다.

zucchini

팬으로 구우면 더 맛있다

채소는 구우면 부드럽고 소화가 잘되며 자체 당도와 염도가 올라가 맛도 좋다.
팬에 구우면 오븐을 사용할 때보다 간편하고 재료의 수분 손실도 적다. 신선한
올리브 오일을 사용하며 중간 불로 굽는다.

굽기 전에 물기 닦기 채소는 씻은 후 종이 타월로 물기를 닦고 구워야 모양새가
깔끔하고 노릇하게 굽힌다.

소금 아껴 쓰기 채소를 구울 때 소금을 뿌리면 물기가 생겨 모양이 흐트러지고
식감도 좋지 않다. 채소가 거의 익었을 때 살짝 뿌리거나 채소 자체의 염도가 있
으니 생략해도 된다.

잘라진 단면부터 굽기 잘라진 면을 먼저 구워야 모양 잡기가 좋다. 껍질 쪽을 먼
저 구우면 수분이 나와 질척거려 노릇하게 굽기가 힘들다. 고기의 경우 틈이 갈
라지거나 단면이 고르지 않은 쪽부터 먼저 굽는다.

한 번만 뒤집기 고기 구울 때와 마찬가지로 채소도 한 번만 뒤집어야 모양이 흐트러지지 않고 구워진 면도 깔끔하다. 재료 익는 냄새가 나면 70~80% 익었다는 신호이므로 뒤집어서 재빨리 반대쪽 면을 굽는다.

종류별로 따로 굽기 한꺼번에 구우면 물기도 많아지고 색깔이 섞이기도 한다.

팬에서 바로 꺼내기 구운 채소를 팬에 남겨두면 수분이 생겨 물러지고 색도 변한다. 이는 고기도 마찬가지다.

두꺼운 재료는 뚜껑을 반 닫고 굽기 웨지로 자른 양배추나 닭가슴살 등 두께가 있는 재료는 팬에 뚜껑을 반쯤 걸쳐 구우면 기름과 함께 스팀이 생겨 조리 시간도 줄고 식감도 부드럽다.

재료에 따른 굽기 노하우

양배추 양배추를 웨지 모양으로 잘라 구우면 두툼한 부분에서 자체 수분이 나오면서 속은 부드럽고 겉은 아삭해진다. 물기를 잘 닦아 중간 불에 올리고 양배추 굽는 냄새가 날 때 한 번 뒤집는다. 오일이 모자라면 중간에 한 번 더 둘러도 된다. 양배추는 약한 불에 오래두면 물러지니 주의한다.

방울양배추 작지만 단단해서 통으로 구울 때는 살짝 데쳐서 굽거나 반으로 잘라 구워야 한다. 방울양배추는 다른 채소와 달리 구우면서 소금을 살짝 뿌리면 수분이 생기면서 쓴맛이 줄고 단맛이 올라오며 색도 선명해진다.

엔다이브 엔다이브는 쌉싸래한 맛이 나는데 구우면 단맛이 올라온다. 잎이 얇기 때문에 반으로 잘라서 통으로 구우면 보기도 좋다. 자른 면부터 올려 익는 냄새가 나면 바로 불을 끄고 뒤집어 겉면은 숨만 살짝 죽을 정도로 익힌다.

아스파라거스 가늘고 길어 빨리 익는 채소다. 팬을 달궈 오일을 살짝 두르고 굽다가 익는 냄새가 나면 소금을 살짝 뿌린 후 불을 조금 세게 해 노릇하게 재빨리 구워내야 아삭하다.

애호박 애호박은 부드러워서 빨리 익기 때문에 길게 세로로 슬라이스해서 구울 때는 가지런히 올려 지켜보면서 살짝 빨리 구워야 식감도 아삭하고 모양도 흐트러지지 않는다. 오일을 많이 두르면 물러지니 주의할 것.

주키니 주키니는 애호박보다 단단해서 굽는 데 시간이 걸린다. 슬라이스한 주키니는 올리브 오일을 살짝 둘러 재빨리 굽고, 반으로 갈라 구울 때는 가운데 세로로 칼집을 살짝 넣어 익는 시간을 줄인다.

토마토 방울토마토는 통째로, 일반 토마토는 반으로 잘라 굽는다. 오일을 넉넉히 두르고 자른 면부터 올려 센 불에서 굽기 시작한다. 노릇해지면 뒤집은 후 중간 불로 내려 토마토 굽는 냄새가 날 때까지 굽는다.

파프리카 파프리카는 구우면 부드럽고 단맛과 향이 풍부해진다. 과육이 두꺼워서 굽는 데 시간이 걸리는데 용도에 따라 굽는 시간을 조절한다. 과육을 먹을 때는 태우듯이 구워 껍질을 벗기고, 반으로 잘라서 그릇 대용으로 쓸 때는 팬에 잘라진 면부터 올려 굽다가 반대쪽 면은 살짝 구워 모양을 유지한다.

가지 보통 쪄서 먹는데 과육이 부드럽고 스펀지같이 오일을 많이 흡수해서 구우면 특히 맛있다. 오일을 두르고 자른 면을 올려 구운 후 뒤집어서 굽는데 먼저 구운 면이 살짝 갈라지면 다 익은 것이다.

당근, 무 단단하고 물기가 없어서 굽기가 쉽다. 통으로 굽기보다 손가락 굵기 이하로 썰어 익히는 게 좋고 오일은 약간만 둘러도 된다.

대파 구우면 매운맛이 없어지고 맛있는 향과 단맛이 난다. 중간 크기는 통으로 굽고, 굵은 대파는 반으로 갈라 팬에 오일을 넉넉히 두르고 자른 면부터 굽는다.

양파 웨지 모양이나 동그란 모양이 살도록 가로로 자른다. 오일을 많이 넣거나 너무 오래 구우면 축 처지고 씹는 맛도 떨어지니 주의할 것. 취향에 따라 굽기를 조절한다.

마늘 밑동을 잘라 통으로 껍질째 구울 때는 오일을 두르고 자른 면을 올려 굽다가 뒤집은 후 중간 불보다 줄여 오일, 소금, 허브를 뿌린다. 마늘 굽는 냄새가 나면 10분 정도 더 두었다 꺼낸다. 마늘은 무쇠 팬에 구우면 더 깊은 맛이 난다.

펜넬 아주 단단해서 얇게 잘라 구워야 한다. 펜넬 하나를 5~6쪽이 되게 둥근 모양을 살려 썰면 적당하다. 펜넬을 구울 때는 오일을 많이 뿌리면 물러지므로 주의한다.

버섯 버섯을 구울 때 가장 중요한 것은 물기 제거다. 한 번만 뒤집어 노릇하게 굽고, 구울 때 소금을 뿌리거나 주걱으로 저어 볶으면 식감이 살지 않으니 주의한다. 특히 버섯은 종류별로 따로 구워야 제 향이 산다.

바나나 검은 점이 생긴 잘 익은 바나나보다는 덜 익어 단단한 바나나가 굽기에 좋다. 달군 팬에 올려 오일 없이 굽는다.

저수분으로 데치면
채소 맛이 진해진다

채소는 끓는 물에 담가 데치지 않고 최소한의 물로 찌듯이 데치면 더 맛있다. 저수분 요리는 무쇠 냄비나 5중, 7중의 두꺼운 냄비가 필요하지만 데치기는 보통 두께의 스테인리스 냄비 또는 팬으로도 가능하다. 중금속이 나오지 않는 18-8 스테인리스, 316 티타늄 등을 추천한다.

잎채소 케일, 근대처럼 줄기가 두꺼운 잎채소는 반으로 잘라 씻어 물기가 있는 채로 줄기 부분을 아래에 깔고 잎을 위에 올린다. 시금치류의 채소는 씻어서 그대로 냄비에 담는다. 채소 양에 따라서 물을 3~4큰술 넣고 소금을 위에 살짝 뿌린 후 뚜껑을 덮고 중간 불로 익힌다. 김이 나면서 끓으면 뚜껑을 열고 한 번 뒤집은 후 꺼낸다.

아스파라거스 생각보다 빨리 익는다. 냄비 바닥에 물이 깔릴 정도로 넣고 아스파라거스를 담은 후 소금을 살짝 뿌린다. 뚜껑을 닫고 중간 불에 올려 김이 나면서 끓으면 한 번 뒤집은 후 꺼낸다. 브로콜리, 방울양배추 등도 같은 방법으로 데친다.

두릅 줄기가 굵으면 반으로 나누고 작은 것은 그대로 물기가 있는 채로 냄비에 담아 소금을 뿌려 익힌다. 굵은 두릅은 물을 1~2큰술 더 넣고 데치면 좋다.

샐러드 예쁘게 담는 법

쿠킹 클래스를 할 때 사람들이 요리만큼 어려워하는 부분이 플레이팅이다. 그릇을 잘 고르면 반이 해결된다. 옷처럼 그릇도 쇼핑하다가 시행착오를 겪곤 하는데, 세트로 사기보다 자신의 취향과 콘셉트에 맞게 조금씩 꾸준히 모으면 좋다. 나는 기본 접시를 갖춘 후 도예가의 그릇을 하나씩 사 모았다. 초보라면 일단 화려한 무늬는 음식을 다소 초라하게 만드니 피하고, 북유럽풍 파스텔 톤과 흰색은 필수로 몇 가지 구비해둔다. 때로는 블랙 톤도 채소를 담으면 돋보여 갖춰두면 좋다. 사각이나 똑 떨어지는 원형보다 오벌형 접시가 활용도가 좋으며, 음식을 담기도 쉽고 멋스럽다. 또 간단한 음식도 큰 접시에 담아내면 그럴싸해 보이는 효과가 있다.

한 가지 재료를 담을 때, 재료만으로 리듬감 주기

애호박, 주키니, 가지, 토마토 등 부피감이 있게 자른 단일 재료를 놓을 때는 나란히 정렬해 놓지 말고 어슷하게 놓거나 자연스럽게 겹치는 등 리듬감 있게 담아 음식에 표정을 더한다.

작은 재료를 듬뿍 담을 때, 토핑으로 포인트를

양배추 채, 알감자 등은 소담하게 모아 담고, 토핑 등으로 포인트를 준다. 주재료가 크지 않으니 토핑을 올릴 때는 전체적으로 뿌리기보다 한곳에 모아 올리거나 단정하게 뿌려 시선을 집중할 수 있게 한다. 예를 들어 무순은 흩뿌리기보다 모아 올리고 파프리카 가루도 전체로 뿌리기보다 일렬로 뿌린다. 다만 석류처럼 모양이 일률적인 주재료에 페타 치즈를 뿌릴 때는 손으로 부수어 사이즈를 달리해 올려 변화를 준다.

두 가지 재료가 들어가는 경우, 서로 어우러지게

아스파라거스와 달걀, 삶은 보리와 고추 등 모양이 다른 재료를 함께 담을 때는 서로 어우러지게 놓는 것이 포인트다. 한 가지 재료의 양이 적으면 부재료로 포인트를 준다. 아스파라거스를 가운데 단정히 놓되 반으로 자른 달걀은 사선으로 비스듬히 올리고, 그린 샐러드 위에 작은 새우를 놓는다면 새우 몇 개는 뒤집어 올려서 재미를 더하는 식이다. 양이 많은 보리는 중심을 잡아놓고 고추를 한쪽에 대충한 듯 어슷어슷하고 자연스럽게 놓는다.

다양한 재료가 들어가는 경우, 섞어 내지 말 것

다양한 재료가 들어가는 샐러드를 섞어 내면 지저분하니 먹기 직전에 섞는다. 비빔밥을 비벼 내면 지저분해 보이는 것과 같은 이치다. 그렇다고 양장피처럼 일률적으로 돌려내면 부자연스럽다. 채소와 달걀, 잠봉, 치즈가 들어가는 파리지엔 샐러드를 예로 들면, 각각의 재료를 구분해 뭉쳐서 툭툭 떠놓듯이 올린다.

예쁘게 담기의 기본은 삼각구도

미술 시간에 배운 삼각구도가 샐러드 담기에도 적용된다. 한 가지 재료든 여러 가지 재료든 삼각형을 기본으로 하되 어슷한 삼각형을 떠올리며 담으면 대체로 멋스럽다. 안정감을 기본으로 변화를 주는 것. 이는 토핑에도 적용된다. 예를 들어 길쭉하게 썬 당근을 담은 후 요구르트 드레싱을 떠 올릴 때도 가운데가 아닌 두세 군데 띄엄띄엄 얹거나 한쪽으로 치우쳐 뿌린다.

채소 맛을 살려주는
샐러드 드레싱

샐러드드레싱은 중요하면서도 번거롭다. 샐러드를 드레싱 맛으로 먹는 경우가
많은데 너무 달거나 향이 강한 드레싱은 오히려 채소 본연의 맛을 즐기는 것을
방해하고, 칼로리가 높은 경우도 많다. 또 다양한 드레싱을 만들려면 무엇보다
각종 재료로 냉장고가 복잡해져 불편하다. 신선한 엑스트라 버진 올리브 오일
과 와인 식초, 사과 식초 등의 신맛을 기본으로 한 드레싱은 만들기도 쉽고 원재
료의 맛을 돋보이게 한다. 소금, 후추는 드레싱에 섞지 않고 마지막에 뿌리거나
생략한다.

SH드레싱

집과 쿠킹 클래스, 레스토랑에서 쓰는 나의 25년 된 드레싱. 프랑스 가정집에서
올리브 오일에 셜롯과 디종 머스터드를 섞어서 드레싱을 만들어 그린 샐러드에
버무려 먹는 것을 보고, 구하기 어려운 셜롯 대신 양파를 잘게 다지고, 남편이
즐겨 먹어 늘 집에 있던 홀그레인 머스터드를 넣어 만들었는데 우리 입맛에 잘
맞았다. 사람들이 나의 이니셜을 따서 SH드레싱이라고 불렀다.

> 엑스트라 버진 올리브 오일 3큰술, 다진 양파 1큰술, 화이트 와인 식초 1큰술, 홀
> 그레인 머스터드 1작은술

1 양파는 잘게 다진다. 다진 양파를 볼에 담고 식초를 부어 1~2분 정도 두었다
　 가 섞는다. 화이트 와인 식초 대신 레드 와인 식초, 사과 식초를 써도 된다.
2 홀그레인 머스터드를 넣고 골고루 섞으면서 올리브 오일을 1큰술씩 넣어가며
　 계속 저어 섞는다.

비네그레트드레싱

프랑스의 클래식 드레싱으로 드레싱의 맛이 크게 도드라지지 않는다. 쌉싸래한
맛이 나는 채소나 블루베리, 딸기 등에 어울린다. 아래 소개한 순서대로 만들면
오일이 분리되지 않고 3가지 재료가 부드럽게 잘 섞인다.

> 디종 머스터드 1작은술, 화이트 와인 식초 1큰술, 올리브 오일 2큰술

1 작은 볼에 디종 머스터드를 넣고, 화이트 와인 식초를 넣어 잘 섞는다.
2 올리브 오일을 1큰술씩 넣어가며 둥글게 계속 저어가며 섞는다.

활용도 높은 채소 소스

채소 퓌레
채소를 퓌레로 만들어 빵에 올려 먹거나 수란을 곁들이면 가벼운 식사가 된다. 프랑스에서는 감자 퓌레를 즐겨 먹는다. 당근, 비트 등의 뿌리채소, 브로콜리, 단호박, 셀러리, 토마토 등 다양한 채소로 만들 수 있다. 퓌레는 너무 물러지지 않게 삶는 것이 포인트다.

당근 퓌레
당근 1개, 소금 1/2작은술, 통후추 약간

1 당근을 물 1 1/2컵과 소금 1/2작은술을 넣고 삶아 식힌 후 믹서에 삶은 물을 함께 넣고 간다. 크림 같은 질감이 나게 물로 농도를 조절한다.
2 볼에 담고 통후추를 갈아 뿌린다.

감자 브로콜리 퓌레
감자 2개, 브로콜리 1개, 생크림 2큰술(또는 우유 4큰술), 코코넛 채·소금·통후추 약간씩

1 감자를 삶다가 90% 정도 익었을 때 브로콜리를 함께 넣고 데쳐 식힌다.
2 ①을 믹서에 넣고 삶은 물을 적당히 넣어 간 후 볼에 담는다. 생크림과 소금을 넣어 잘 섞는다.
3 코코넛 채를 올리고 통후추를 갈아서 뿌린다.

콜리플라워 퓌레
콜리플라워 1/2개, 우유 2컵, 소금·통후추 약간씩

1 콜리플라워를 잘라서 우유를 붓고 소금을 조금 넣어 약한 불로 익힌 후 식힌다.
2 ①을 믹서에 넣고 소금을 조금 넣어 간다. 볼에 담고 통후추를 갈아 뿌린다.

스프레드

올리브, 말린 토마토, 후무스 등으로 스프레드를 만들어두면 빵이나 파스타, 고기, 생선에 올려 먹기 좋다. 프랑스에서는 주로 올리브를 갈아서 빵에 올려 먹는데 이 스프레드를 타페나드(tapenade)라고 부른다.

블랙 올리브 스프레드

블랙 올리브 1컵, 마늘 1쪽, 안초비 2마리, 바질 약간, 올리브 오일 2큰술, 레몬주스 2작은술

1 블랙 올리브를 믹서에 갈아 볼에 담고, 마늘, 안초비, 바질을 믹서에 갈아 섞는다. 마늘과 안초비는 생략해도 된다.
2 ①의 재료와 올리브 오일, 레몬주스를 넣고 잘 섞는다.

그린 올리브 스프레드

그린 올리브 1컵, 바질 약간, 올리브 오일 1큰술, 레몬주스 2작은술

1 그린 올리브와 바질을 믹서에 갈아 볼에 담는다.
2 올리브 오일과 레몬주스를 넣고 잘 섞는다.

선드라이드 토마토 스프레드

선드라이드 토마토 1컵, 마늘 1쪽, 오레가노 약간, 올리브 오일 2큰술, 물·소금 약간씩

1 믹서에 선드라이드 토마토와 마늘, 오레가노를 넣고 간다. 이때 물을 조금 넣으면 쉽게 갈린다.
2 올리브 오일, 소금을 넣고 잘 섞는다.

후무스 스프레드

삶은 병아리콩 1컵, 마늘 1쪽, 참깨 1작은술, 올리브 오일 4큰술, 소금 1/2작은술

1 병아리콩, 마늘, 참깨를 믹서에 넣고 간다.
2 올리브 오일, 소금을 넣고 잘 섞는다.

살사

살사는 멕시코 음식의 소스로 알려져 있는데 원래 스페인에서 유래했다. 유럽에서는 토마토와 다양한 허브로 살사를 만든다.

토마토 살사

토마토 1개, 홍고추 1~2개, 마늘 1쪽, 적양파·파슬리 약간씩, 올리브 오일 4큰술, 식초(또는 발사믹 식초) 1큰술, 라임주스·소금·통후추 약간씩

1 토마토, 홍고추, 적양파는 잘게 자르고 마늘, 파슬리는 다져 볼에 담는다.
2 올리브 오일, 식초, 라임주스, 소금, 통후추 간 것을 넣고 잘 섞는다.

그린 살사

양파 1/2개, 풋고추(또는 청양고추) 1/2컵, 마늘 1쪽, 고수·파슬리 한 줌씩, 올리브 오일 4큰술, 레몬주스 1큰술, 소금 약간

1 양파와 풋고추는 잘게 자르고, 마늘과 고수, 파슬리는 다져서 볼에 담는다.
2 올리브 오일, 레몬주스, 소금을 넣고 잘 섞는다.

샐러드에 곁들이는 빵

빵은 만들어보면 생각보다 어렵지 않고 허브, 양파, 강황 가루 등을 넣어 응용하는 재미도 있다. 프랑스 사람들이 즐겨 먹는 호밀빵인 캉파뉴, 지중해 지방의 피타빵, 남프랑스 사람들이 즐기는 나뭇잎 모양 빵 푸가스는 기본 재료와 발효 과정이 같다. 통밀가루를 넣고 2차 발효하면 캉파뉴를 만들 수 있고, 1차 발효 후 성형하는 모양에 따라 피타빵과 푸가스가 된다. 피타빵은 프라이팬에 굽는 방법을 소개한다.

캉파뉴

강력분 250g, 통밀가루 250g, 드라이 이스트 9g, 미지근한 물 320~350ml(계절에 따라 양 조절), 소금 4작은술, 설탕 4작은술, 호두 4~6알

1 미지근한 물에 이스트 가루를 푼다.

2 강력분과 통밀가루를 체에 내린다.

3 ②에 소금, 설탕, ①의 이스트를 섞이지 않도록 각각 넣은 후 미지근한 물을 조금씩 부어가며 주걱으로 십자 모양을 그리면서 골고루 섞는다.

4 어느 정도 섞이면 손으로 살살 치대며 말랑말랑한 질감이 나도록 반죽한다. 밀가루를 손에 묻혀가며 반죽하면 쉽다.

5 반죽을 동그랗게 뭉쳐 뚜껑을 덮고 1시간 정도 둔다(1차 발효). 유리 뚜껑을 덮으면 반죽의 상태를 볼 수 있어 편리하다.

6 부푼 반죽에 주걱으로 십자 모양을 내면서 접듯이 하여 공기를 뺀 후 다시 둥글게 모양을 잡고 뚜껑을 덮어 20분 정도 둔다(2차 발효).

7 반죽이 부풀어 오르면 원하는 크기대로 한 덩이 또는 두 덩이로 나누어 톱니 과도를 이용해 일자나 사선 등으로 칼집을 내 호두를 올린다.

8 오븐 그릇에 유산지를 깔고 덧가루를 뿌린 후 ⑦의 성형한 빵을 올려 170~175℃로 예열한 오븐에 40~45분 정도 갈색이 나도록 굽는다. 빵 굽는 냄새가 나기 시작하면 80% 정도 구워진 것이니 오븐에 따라 시간을 조절한다.

푸가스

강력분 250g, 드라이 이스트 3g, 소금·설탕 2작은술씩, 미지근한 물 160~170ml, 올리브 오일 2큰술

1 푸가스 반죽은 캉파뉴 만드는 과정의 1차 발효까지 동일하다.

2 부푼 반죽을 주걱으로 십자 모양을 내며 공기를 뺀 후 동그랗게 만든다. 밀대로 밀면서 해바라기잎 모양을 만든다.

3 톱니 과도로 중심 축에서 양쪽으로 길쭉하게 잘라내 잎사귀 같은 모양을 낸다.

4 기호에 따라 올리브나 허브 가루(로즈메리 또는 타임)를 올려 170~175℃로 예열한 오븐에서 25분 정도 굽는다.

피타빵

플레인 피타빵(강력분 250g, 드라이 이스트 3g, 소금·설탕 2작은술씩, 미지근한 물 160~170ml)

강황 피타빵(강력분 250g, 강황 가루 1작은술, 드라이 이스트 3g, 소금·설탕 2작은술씩, 미지근한 물 160~170ml)

적색 고구마 피타빵(강력분 150g, 적색 고구마 가루 100g, 드라이 이스트 3g, 소금·설탕 2작은술씩, 미지근한 물 160~170ml)

1   피타빵 반죽은 캉파뉴 만드는 과정의 1차 발효까지 동일하다(p.31 참조). 1차 발효한 반죽을 한 번 먹을 크기로 나눠 냉동 보관했다가 써도 된다. 실온에서 해동하면 반죽이 다시 부풀어 오른다.

2   부푼 반죽을 4등분해서 동그랗게 성형해 밀대로 밀어 모양을 만든다.

3   팬을 달궈 기름 없이 중간 불에서 30분 정도 굽는다.

PART 1

이토록 쉬운
한 가지 재료 샐러드

salad

생으로 먹는 양송이 샐러드
Mushroom Salad

〈 15min 〉

30년 전 파리의 슈퍼마켓에서 산더미처럼 쌓여 있는 양송이버섯을 보고
놀랐던 기억이 생생하다. 양송이버섯은 이름도 '샹피뇽 드 파리(champignon de Paris:
파리의 버섯)'일 만큼 파리지앵이 즐겨 먹는 버섯이다.
우리는 양송이버섯을 보통 익혀 먹는데 프랑스 사람들은 주로 생으로 먹는다.
생양송이버섯은 향도 풍부하고 식감도 부드럽다.

Ready

양송이버섯 6개, 레몬 1/2개, SH드레싱 1큰술, 다진 파슬리 1큰술, 통후추 약간

Cooking

1 양송이는 기둥 끝을 살짝 잘라내고 젖은 종이 타월로 닦아 0.2~0.3cm
   두께로 슬라이스한다.

2 볼에 양송이를 담고 레몬의 즙을 짜 넣은 후 드레싱을 뿌려 골고루 섞
   는다.

3 15분 정도 두었다가 접시에 담고 다진 파슬리와 통후추 간 것을 뿌려
   낸다.

Hint 레몬즙이 없으면 드레싱을 1큰술 더 넣는다.

생강채를 곁들인 구운 당근 샐러드
Carrot Salad

25min

당근을 구우면 특유의 향도 덜 나고 식감도 부드럽다.
당근 수프에 생강을 조금 넣으면 맛이 풍부해지듯 이 샐러드에도 생강채를
살짝 올려 풍미를 살렸다.

Ready

당근 2개(중간 크기), 올리브 오일 2큰술, 그릭 요구르트 2큰술, SH드레싱 4큰술,
다진 파슬리 4큰술, 생강채·통후추 약간씩

Cooking

1 당근은 껍질을 벗겨 씻은 뒤 세로로 7~9등분한다.

2 팬을 달군 후 중간 불로 낮추고 올리브 오일을 둘러 당근을 돌려가며 노
   릇하게 굽는다. 당근은 굵기에 비해 익는 시간이 오래 걸린다. 달콤한 냄
   새가 나면 익은 것.

3 접시에 그릭 요구르트를 담고 구운 당근을 자연스럽게 올린다.

4 드레싱을 뿌린 뒤 생강채와 다진 파슬리를 솔솔 뿌리고 통후추를 갈아
   서 올린다.

Hint 굵기가 일정한 당근을 고르면 모양 잡아 자르기가 쉽다.

토마토 발사믹 샐러드

Tomato Salad

15min

큰 토마토와 방울토마토를 섞어서 만들면 미묘하게 다른 토마토의 맛과
다양한 식감을 즐길 수 있다. 토마토는 채소 자체에 염도가 있어서
토마토 샐러드에는 소금을 넣지 않는다.

Ready(4인분)

토마토 4~5개(중간 크기), 방울토마토 3~4개, SH드레싱 4큰술, 발사믹 식초 1큰술,
잣 1큰술, 셀러리잎·파슬리 가루·통후추 약간씩

Cooking

1　토마토는 꼭지를 딴 뒤 0.5~0.7cm 두께의 둥근 모양이 되도록 가로로 슬
　　라이스한다. 방울토마토는 꼭지를 딴 뒤 반으로 자른다.

2　①을 접시에 펼쳐 담고 드레싱을 골고루 뿌린 후 셀러리잎을 자연스럽게
　　올린다.

3　잣과 파슬리 가루를 고루 뿌리고 통후추를 갈아서 뿌린다. 먹기 직전에
　　발사믹 식초를 두른다.

Hint　셀러리잎 대신 바질이나 파슬리를 올려도 어울린다.

Hint 어린잎 시금치는 보드라워서 먹기 직전에 드레싱을 뿌리는 게 좋다.

어린잎 시금치 샐러드

Spinach Salad

15min

어린잎 시금치 샐러드를 프랑스에서 처음 먹었을 때
도무지 시금치라는 것이 믿기지 않았다. 생잎인데도 너무나 보드랍고
시금치 특유의 진한 초록빛이 참 예뻤다. 시금치에는 홍피망이나 적양파 등
붉은색 채소를 섞으면 샐러드에 더욱 생기가 돈다.

Ready

어린잎 시금치 2컵, 적양파 1/4개, 홍피망(또는 빨간 파프리카) 1/4개,
비네그레트드레싱 2큰술, 통후추 약간

Cooking

1 어린잎 시금치는 살살 씻어 체에 밭쳐 물기를 뺀다.

2 적양파는 얇게 슬라이스하고, 홍피망도 가늘게 채 썬다.

3 접시에 적양파를 깔고 ①의 시금치를 얹은 후 홍피망을 올린다.

4 먹기 직전에 드레싱을 뿌리고 통후추를 갈아 올린다.

baton

시골풍 무 샐러드

White Radish Salad

20min

무는 동양이나 서양이나 식탁에서 빠지지 않는 채소다. 우리 어머니들이 뭇국,
시래깃국 먹듯이 프랑스의 농부들도 무를 숭덩숭덩 썰어서 수프, 그라탱을 해먹는다.
그래서 무로 요리를 하면 정감 있고 푸근한 느낌이 나는 것 같다.
제철 무를 구우면 은근한 단맛이 매력 있다.

Ready

무 1/2개, 잣 2큰술, 무순(또는 솔부추) 약간, 올리브 오일 1큰술, 비네그레트드레싱
1큰술, 발사믹 식초 1큰술, 통후추 약간

Cooking

1 무는 12cm 정도로 자른 후 두께 1.5~2cm의 어슷하고 길쭉한 모양으로
  썬다. 무순은 씻어서 체에 밭친다.

2 종이 타월로 무를 꾹꾹 눌러 물기를 꼼꼼히 제거한다.

3 팬을 달궈 잣을 노릇하게 구운 뒤 꺼내놓는다.

4 중간 불로 낮추고 팬에 올리브 오일을 두른 후 무를 올려 앞뒤로 노릇하
  게 굽는다.

5 접시에 무를 담고 무 위에 드레싱을 뿌린 다음 구운 잣과 무순을 보기 좋
  게 올린다. 발사믹 식초와 통후추 간 것을 드레싱 위에 뿌려 낸다.

Hint 무에 물기가 있으면 팬에 달라붙을 수 있다. 무를 자주 뒤집으면 물기가 나와 지저분하다.

Hint 당근을 드레싱에 미리 버무려놓아야 맛있다. 니스 지방에서는 비트를 같은 방법으로 먹는다.

프랑스식 당근 샐러드

Carrot Salad

15min

생당근을 좋아하지 않았는데, 파리에 살 때 채 썬 당근에 머스터드와 올리브 오일을 섞어 먹는 라페(carottes râpées)를 맛본 뒤로 즐겨 먹게 되었다. 파스타나 고기 먹을 때 피클처럼 곁들이기도 좋고, 일주일 정도 냉장 보관하며 먹을 수도 있어 두루 편리하다. 이 레시피는 그릭 요구르트를 추가한 요즘 스타일의 라페다.

Ready

당근 1개(중간 크기), SH드레싱 4큰술, 그릭 요구르트 2큰술, 다진 파슬리 1큰술, 통후추 약간, 피타빵 2~3개(p.32 참조)

Cooking

1 당근은 필러로 껍질을 벗긴 뒤 씻어서 채칼로 썬다. 채칼이 없으면 필러로 얇고 길게 자른 후 채 썰면 수월하다.

2 볼에 채 썬 당근을 담고 SH드레싱을 뿌린 다음 골고루 섞어 1시간 정도 둔다.

3 그릇에 ②를 소담히 담고, 그릭 요구르트를 큰 숟가락으로 먹음직스럽게 떠놓는다.

4 다진 파슬리를 솔솔 뿌리고 그릭 요구르트 위에 통후추를 갈아 뿌린다.

5 피타빵을 곁들여 낸다.

쿠클 인기 메뉴, 애호박 샐러드

Korean Zucchini Salad

15min

유럽의 채소구이를 맛보고 애호박에 응용한 나의 창작 메뉴다.
손님상에 냈는데 반응이 좋아 쿠킹 클래스에서 알려주었는데 만들기 쉽고
맛있어서 인기 메뉴가 되었다. 애호박구이는 오래 구우면 물러지므로 옆에서
지켜보면서 겉만 익히는 느낌으로 살짝 굽는 게 노하우다.

Ready

애호박 1개, 올리브 오일 1큰술, SH드레싱 2큰술, 무순(또는 파슬리)·핑크 페퍼·
통후추 약간씩

Cooking

1 애호박은 꼭지째 씻은 뒤 애호박 모양을 살려 0.5cm 두께가 되도록 세로
로 6~8등분한다.

2 팬을 달군 후 중간 불로 낮추고 올리브 오일을 둘러 애호박을 앞뒤로 살
짝 굽는다.

3 접시에 가지런히 올린 후 애호박 위에 드레싱을 올린다.

4 무순과 핑크 페퍼를 올리고 통후추를 갈아 뿌린다.

Hint 애호박구이는 구운 면이 살짝 노릇하고 식감이 아삭해야 성공이다.
구운 후 팬에 두고 식히면 물러지니 주의할 것.

Hint 가지는 비슷한 크기의 두툼한 것으로 고른다. 꼭지를 살려서 구워야 모양새가 예쁘다.
삶은 퀴노아를 오일을 살짝 두르고 볶아 샐러드에 뿌려 먹으면 맛있다.

그릭 요구르트 통가지구이
Eggplant Salad

25min

파리 유학 시절 출장 온 고모와 나폴리에 간 적이 있다. 유학하는 조카를 아껴
그 지역 최고의 맛집에 데리고 갔는데 그때 먹은 갖가지 채소구이가 참 인상적이었다.
가지, 호박, 양파, 토마토 등 우리가 흔히 먹는 채소를 구운 것인데 차게 식어도
맛있었다. 한국에 돌아와 그 기억을 살려 채소를 구워 내니 다들 맛있다고 했다.
특히 올리브 오일에 구운 가지는 언뜻 고기 맛도 난다며 신기해했다.

Ready
가지 2개, 올리브 오일 4큰술, SH드레싱·그릭 요구르트 4큰술씩, 다진 파슬리
1큰술, 퀴노아 삶은 것(p.109 참조)·타임 줄기·통후추 약간씩

Cooking
1 가지는 꼭지째 씻어 물기를 닦고 반으로 가른다. 이때 꼭지 부분부터 갈라야 자르기가 쉽다.

2 팬을 달군 후 중간 불로 낮추고 올리브 오일을 살짝 두른 후 퀴노아를 볶는다. 올리브 오일 2큰술을 두른 다음 자른 면이 팬에 닿도록 가지를 올린다. 가지가 기름을 금방 흡수하므로 나머지 올리브 오일 2큰술은 가지를 올린 뒤 두른다.

3 가지가 노릇하게 구워지면 뒤집어 굽고, 가지 속이 살짝 갈라지기 시작하면 팬에서 꺼낸다. 불을 끄고 팬에 타임 줄기를 올려 남은 올리브 오일을 묻히며 잔열로 향을 낸다.

4 접시에 가지를 나란히 담은 후 가지 위에 드레싱과 퀴노아를 뿌리고 그릭 요구르트도 한 숟가락씩 올린다.

5 다진 파슬리, 타임 줄기를 올리고 통후추를 갈아 뿌린다.

나무 모양 브로콜리 샐러드

Broccoli Salad

25min

브로콜리는 줄기에 영양이 많고 식감이 아삭해 줄기까지 먹으면 좋다.
세로로 잘라 구우면 모양이 '나무' 같아 예쁘다. 어린 브로콜리인 브로콜리니를 쓰면
야들야들해서 좋은데 우리나라에는 흔치 않아서 일반 브로콜리 중
작은 송이를 골라 쓴다.

Ready
브로콜리 1송이(작은 것), 올리브 오일 1큰술, SH드레싱 2큰술, 아몬드 슬라이스
1큰술, 적양파·파르메산 치즈·소금·통후추 약간씩

Cooking
1 브로콜리는 씻어서 송이부터 줄기까지 모양을 살려 세로로 납작하게
   썬다. 적양파는 얇게 슬라이스한다.

2 스테인리스 냄비에 브로콜리를 물기가 있는 채로 넣고 소금을 살짝 뿌린
   후 뚜껑을 닫고 중간 불로 2~3분 정도 살짝 익힌다.

3 팬을 달군 후 중간 불로 낮추고 익힌 브로콜리를 넣은 다음 올리브 오일
   을 둘러 앞뒤로 노릇하게 굽는다.

4 구운 브로콜리를 접시에 같은 방향으로 담고 드레싱을 골고루 뿌린 후
   적양파와 아몬드 슬라이스를 올린다.

5 파르메산 치즈를 필러로 길게 잘라 올리고 통후추를 갈아 뿌린다.

Hint 브로콜리는 팬에서만 익히려면 시간이 오래 걸리고 모양도 흐트러지므로 살짝 데치거나
      저수분으로 익혀서 굽는다.

안초비 소스 콜리플라워
Cauliflower Salad

25min

프랑스인 시어머니께서 자주 해주시던 콜리플라워 그라탱을 응용한 메뉴다.
강황 가루를 뿌려 노란빛을 더하고, 소스에 안초비를 다져 넣어
한식 무침에 젓갈을 넣듯 감칠맛을 살렸다.

Ready

콜리플라워 1송이(중간 크기), 라임 1개, 피스타치오 1큰술, 강황 가루 1/2작은술,
올리브 오일 1큰술, 안초비 1~2마리, SH드레싱 2큰술, 다진 파슬리·통후추 약간씩

Cooking

1 콜리플라워는 씻어서 송이송이 잘라 납작한 모양이 되도록 반으로 썬다.
   밑동의 굵은 줄기 부분은 깍둑썰기한다.

2 라임은 소금으로 문질러 씻어 4등분한다. 피스타치오는 도마에 종이 타
   월을 올리고 칼로 대충 다진다.

3 냄비에 물을 약간 담고 강황 가루를 푼 후 콜리플라워를 넣는다. 자작하
   게 잠길 정도로 물을 조절해 뚜껑을 덮고 끓이다가 끓기 시작하면 중간
   불로 줄인다. 3~4분 후에 콜리플라워를 꺼내 체에 밭친다.

4 팬을 달군 후 중간 불로 낮추고 올리브 오일을 둘러 데친 콜리플라워를
   앞뒤로 노릇하게 굽는다.

5 구운 콜리플라워를 접시에 담는다. 라임은 즙을 짜 뿌리고, 안초비는 다
   져서 드레싱에 섞어 골고루 올린다.

6 피스타치오와 다진 파슬리를 올리고 통후추를 갈아 뿌린다.

Hint 강황 가루를 넣지 않을 때는 데치는 과정 없이 콜리플라워를 팬에 바로 굽는다.

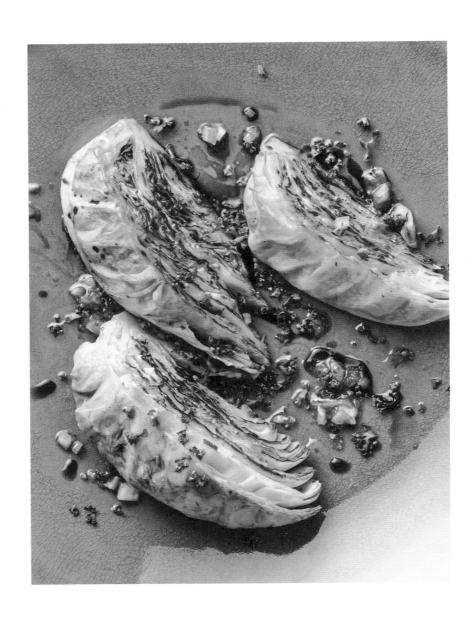

Hint 구운 양배추에 발사믹 식초를 곁들이면 새콤달콤한 맛을 즐길 수 있다.

양배추 스테이크
Roasted Cabbage

25min

양배추를 구우면 단맛이 올라와서 맛있다. 양배추를 두툼하게 잘라 구워 내면
담음새가 푸짐해 사람들이 '양배추 스테이크'라고 부르곤 한다.

Ready(4인분)
양배추 1/2통, 올리브 오일 4큰술, SH드레싱 4큰술, 발사믹 식초 2큰술, 다진
파슬리 2큰술, 소금·통후추 약간씩

Cooking

1 양배추는 겉잎을 정리하고 웨지 모양으로 4등분한다. 물에 15분 정도 담
   갔다가 헹궈 물기를 뺀다.

2 팬을 달군 후 중간 불로 낮추고 올리브 오일을 2큰술을 둘러 양배추의
   한쪽 면을 굽다가 나머지 올리브 오일 2큰술을 두르고 다른 면을 노릇하
   게 굽는다.

3 구운 양배추를 접시에 조심스레 옮겨 담고 드레싱을 뿌린다.

4 다진 파슬리를 올리고 먹기 전에 발사믹 식초를 숟가락으로 살살 얹은
   후 소금을 뿌리고 통후추를 갈아 뿌린다.

적양배추구이

Roasted Red Cabbage

25min

적양배추는 단단해서인지 양배추보다 항산화 성분이 많은데도 샐러드에는
색을 내기 위해 몇 조각만 넣곤 한다. 적양배추를 구우면 촉촉하면서도
아삭해져 먹기 좋은 샐러드가 된다.

Ready(4인분)

적양배추 1/2통, 적양파 1개(중간 크기), 마늘 2쪽, 올리브 오일 4큰술, SH드레싱
4큰술, 발사믹 식초 1큰술, 고수잎(또는 민트잎) 1큰술, 통후추 약간

Cooking

1 적양배추는 겉잎을 정리한 후 웨지 모양으로 4등분해 물에 15분 정도 담
   갔다가 헹궈 물기를 뺀다.

2 적양파는 도톰하게 썰고 마늘은 반으로 자른다.

3 팬을 달군 후 중간 불로 낮추고 올리브 오일을 2큰술 두른 후 적양배추
   의 한쪽 면을 굽다가 나머지 올리브 오일 2큰술을 두르고 다른 면을 노
   릇하게 굽는다. 이때 뚜껑을 반 정도 닫고 구우면 아삭하면서도 촉촉해
   진다.

4 ③의 팬에 올리브 오일을 살짝 두르고 적양파와 마늘을 노릇하게 굽는다.

5 접시에 구운 양배추를 조심스레 옮겨 담고, 구운 적양파와 마늘도 적양
   배추 사이사이에 올린다.

6 드레싱을 골고루 뿌리고 발사믹 식초를 뿌린 후 고수잎과 통후추 간 것
   으로 마무리한다.

Hint 적양배추를 가운데 심과 함께 자르면 모양이 덜 흐트러진다.

리코타 치즈 비트 샐러드
Beet Salad

60min

건강 주스가 유행하면서 비트를 갈아 먹는 사람들이 많아졌다. 비트는 삶으면 흙냄새가 살짝 나면서 달콤하고 부드러운 맛이 일품이다. 충분히 푹 삶는 것이 포인트. 리코타 치즈나 요구르트를 곁들이면 컬러도, 맛의 조화도 좋다.

Ready
비트 1개(중간 크기), 엑스트라 버진 올리브 오일 2큰술, 발사믹 식초 1큰술, 리코타 치즈(또는 그릭 요구르트) 2큰술, 고수잎(또는 이탈리언 파슬리)·통후추 약간씩

Cooking
1 비트는 껍질째 씻어 세로로 반 가른다. 냄비에 비트를 담고 잠길 정도로 물을 부어 1시간 정도 푹 삶아 꺼내 식힌다. 전날 삶아두면 편하다.

2 삶은 비트를 접시에 담고 가운데를 티스푼으로 살짝 떠낸 후 올리브 오일 1큰술씩과 발사믹 식초 1/2큰술씩을 담는다.

3 발사믹 식초 위에 리코타 치즈를 1큰술씩 올린다.

4 고수잎을 올리고 통후추를 갈아 뿌린다.

트뤼프 오일 감자 샐러드

Potato Salad

25min

우리는 찐 감자를 소금에 찍어 먹는데 프랑스 사람들은 소금뿐 아니라 버터,
후추에도 찍어 먹는다. 또 올리브 오일 드레싱을 뿌려 샐러드로 먹기도 한다.
찐 감자에 트뤼프 오일을 뿌리면 단번에 고급 샐러드가 된다.

Ready(4인분)

감자 12개(중간 크기), 달걀 1개, SH드레싱 2큰술, 트뤼프 오일 2작은술, 다진
파슬리 1큰술, 강황 가루 1/2작은술, 소금 1작은술, 통후추 약간

Cooking

1 감자는 껍질을 벗기고 씻어 냄비에 담고 물을 잠길 만큼 넣는다. 강황 가
   루와 소금을 물에 잘 풀고 중간 불로 20분 정도 삶는다. 거의 익었으면
   약한 불로 줄여 뜸 들이듯 두었다가 꺼내 식힌다. 감자가 크면 익힌 후 반
   으로 자른다.

2 달걀은 실온에 꺼내두었다가 반숙(7~8분)으로 삶는다.

3 볼에 익힌 감자를 담고, 달걀을 반으로 잘라 올린 후 드레싱을 뿌린다.

4 먹기 직전에 트뤼프 오일을 뿌리고 다진 파슬리와 통후추 간 것으로 마
   무리한다.

Hint 비슷한 크기의 감자를 골라야 샐러드 모양도 좋고 삶는 시간도 비슷하다. 감자가 클 때는
      통째로 삶은 후 잘라야 모서리가 부서지지 않아 모양이 깔끔하다.

Hint 엔다이브는 약해서 상처가 잘 나므로 바로 요리해 먹는 게 좋다.

입맛 돋우는 엔다이브 샐러드

Belgian Endive Salad

15min

엔다이브는 쌉싸래하면서도 단맛이 감돌고 수분도 많다.
이런 매력으로 엔다이브 하나만으로도 입맛 돋우는 샐러드가 된다.

Ready

엔다이브 4개, 아몬드 1큰술, SH드레싱 1큰술, 다진 파슬리 1큰술

Cooking

1 엔다이브는 반으로 가른 뒤 흐르는 물에 씻어 물기를 닦는다.

2 달군 팬에 아몬드를 올려 살짝 구운 후 대강 다진다.

3 접시에 엔다이브를 담고 SH드레싱에 다진 파슬리를 섞어 뿌린다.

4 구운 아몬드를 뿌려 낸다.

버터와 소금을 곁들인 래디시

Radish with Butter and Salt

10min

래디시에 소금과 버터를 곁들여 먹는 '라디 아 라 크로크 오 셀(radis à la croque au sel)'이라는 프랑스 음식이다. 우리가 쌈장에 풋고추 찍어 먹듯이 프랑스 가정에서 흔히 먹는다. 래디시에 버터를 올리고 소금이나 후추를 찍어 아삭하게 즐기는데, 버터와 래디시의 어울림이 의외로 절묘하다.

Ready

래디시 6~8개, 무염 버터 2큰술, 소금 적당량, 파프리카 가루·민트 가루·통후추 약간씩

Cooking

1 래디시는 씻어 뿌리를 다듬고, 잎은 끝부분만 가지런히 정리한다.

2 소금에 파프리카 가루, 민트 가루, 통후추를 각각 섞은 것과 버터를 종지나 작은 접시에 한 가지씩 담는다.

3 큰 접시에 래디시를 올리고 ②를 곁들인다.

래디시 볼 샐러드

Radish Salad

10min

래디시를 슬라이스해 그릭 요구르트에 비비면 아삭하면서
부드러운 식감을 즐길 수 있다.

Ready

래디시 6~8개, 그릭 요구르트 1큰술, 딜 가루·통후추 약간씩

Cooking

1 래디시의 과육 부분만 동그란 모양으로 슬라이스한다.

2 볼에 래디시를 담고 그릭 요구르트를 얹은 후 딜 가루를 뿌리고 통후추
를 갈아 올린다.

발사믹 딸기 샐러드

Strawberry Salad

10min

유학 시절, 같은 학과에 모델같이 멋진 프랑스 친구가 있었다.
어느 날 집에 저녁 초대를 받아 잔뜩 기대를 하고 갔는데 메뉴가 감자 퓌레와
잠봉 그리고 이 딸기 샐러드였다. 딸기를 설탕이 아닌 발사믹 식초에 먹다니!
간단하지만 에지 있는 저녁이었다. 그 후로 봄이 되면 발사믹 딸기 샐러드를 먹는다.

Ready
딸기 2컵, 발사믹 식초 1큰술, 로즈메리 1줄기, 통후추 약간

Cooking

1   딸기는 흐르는 물에 씻어 꼭지를 따고 반으로 가른다.

2   볼에 딸기를 소담하게 담고 로즈메리의 잎을 따서 솔솔 뿌린다.

3   통후추를 갈아서 뿌리고 먹기 직전에 발사믹 식초를 숟가락으로 뿌려
    낸다.

Hint 접시보다는 볼에 담으면 더 먹음직스럽다.

PART 2

지중해의
건강 샐러드

salad

자투리 채소로, 5가지 컬러 팍시

5 Farcis

45min

팍시는 다양한 재료를 채소 속에 채워 먹는 지중해 음식으로 '채소만두'라고
생각하면 된다. 프랑스 이모 집에서 토마토 팍시를 먹어보고 쿠킹 클래스에
소개했는데 만들기 쉽고 남은 채소를 활용할 수 있는데다 모양도 특별해서 인기가
좋았다. 본래 채소 속을 파서 오븐에 굽는데 팬에서 굽는 쉬운 방법을 소개한다.

Ready(4인분)

파프리카 팍시(노란 파프리카 1개, 토마토·양파·가지·주키니 약간씩, 파르메산 치즈·
타임 가루·소금·통후추 약간씩), 토마토 팍시(토마토 1개, 페타 치즈 2큰술, 타임 가루·
파프리카 가루·통후추 약간씩), 가지 팍시(가지 1/2개, 그릭 요구르트 2큰술,
블랙 올리브 4~5개, 파슬리 가루·통후추 약간씩), 양파 팍시(양파 1개, 새우
4마리, 딜 가루·통후추 약간씩), 주키니 팍시(주키니 1/2개, 삶은 달걀 1개, 민트
가루·소금·통후추 약간씩), 올리브 오일 적당량

Cooking

1 노란 파프리카는 세로로, 토마토 1개와 양파 1개는 가로로 반 자른다. 각
   각 세로로 반 가른 가지 1/2개와 주키니 1/2개는 다시 2등분한다. 종이
   타월로 물기를 닦는다.

2 팬을 달군 후 중간 불로 낮추고 ①의 채소를 모두 올린 다음 올리브 오일
   을 약간 둘러 노릇하게 굽는다.

3 파프리카 팍시에 필요한 토마토, 양파, 가지, 주키니는 깍둑썰기해 각각
   달군 팬에 올리브 오일을 두르고 구운 후 타임 가루, 소금, 통후추 간 것
   을 조금씩 뿌린다.

4 ②의 구운 파프리카 안에 ③의 채소를 채우고 파르메산 치즈를 갈아 뿌
   린다.

5 ②의 구운 토마토 위에 타임 가루를 뿌리고 페타 치즈를 잘라 올린 후
   파프리카 가루와 통후추 간 것을 뿌린다.

6 ②의 구운 가지 위에 그릭 요구르트를 올리고 블랙 올리브를 링 모양으
   로 잘라 얹은 후 파슬리 가루와 통후추 간 것을 뿌린다.

7 새우의 껍데기를 까서 올리브 오일을 두른 팬에 굽는다. ②의 구운 양파
   위에 새우를 올리고 딜 가루, 통후추 간 것을 뿌린다.

8 ②의 주키니에 삶은 달걀을 잘게 썰어 올리고 민트 가루와 소금, 통후추
   간 것을 뿌린다.

Hint 다양한 컬러의 채소를 골고루 사용해 어우러지게 연출한다.

터키식 스푼 샐러드
Turkish Spoon Salad

30min

터키 사람들이 즐겨 먹는 샐러드로 갓 구운 피타빵에 잘게 썬 채소들을 스푼으로
떠 올려 먹는다. 이스탄불의 시장에 갔을 때 현지인이 수막(sumac)이라는 향신료를
추천해주었는데 열대 옻나무 열매 가루로 샐러드를 비롯해 각종 요리에 넣는다고
알려줬다. 살짝 신맛이 나고, 붉은색이라서 샐러드에 넣기 좋다.

Ready(4인분)

토마토 4개, 양파·홍피망·오이 1개씩, 풋고추·청양고추 1개씩, 블랙 올리브 8~10개,
SH드레싱 4큰술, 민트 한 줌, 레몬 1/2개, 수막 가루 약간(생략 가능),
피타빵(p.32 참조) 3~4개

Cooking

1 토마토는 씻어서 꼭지를 따고 가로세로 0.5cm 크기로 깍둑썰기한다. 양
   파, 홍피망, 오이, 풋고추, 청양고추도 씻어서 토마토와 비슷한 크기로 깍
   둑썰기한다.

2 올리브는 흐르는 물에 씻어 체에 밭쳐둔다. 민트는 잘게 자른다.

3 볼에 ①과 올리브를 담고, 민트를 반만 넣은 후 드레싱을 뿌려 숟가락으
   로 살살 섞는다.

4 먹기 직전에 접시에 담은 후 남겨둔 민트를 올린다. 레몬의 즙을 짜 넣고
   수막 가루를 뿌린다.

5 피타빵을 곁들여 낸다.

Hint 주키니는 오래 구우면 물기가 나오므로 재빨리 구워낸다. 가운데 칼집을 넣으면 익는 속도가 빨라진다.

그릭 요구르트 주키니 샐러드

Zucchini Salad

15min

주키니는 서양에서 샐러드, 파스타, 볶음, 스튜, 커리 등 다양한 요리에 쓰인다.
애호박보다 과육이 단단해 식감도 좋다. 구우면 단맛이 올라오는데,
살짝 굽는 것이 노하우다.

Ready

주키니 1개(중간 크기), 올리브 오일 1큰술, SH드레싱 2큰술, 그릭 요구르트 4큰술,
바질 페스토 1큰술, 다진 파슬리 1큰술, 핑크 페퍼·통후추 약간씩

Cooking

1 주키니는 반으로 자른 후 모양을 살려 다시 세로로 2등분한다. 가운데
   세로로 살짝 칼집을 넣는다.

2 팬을 달군 후 중간 불로 낮추고 올리브 오일을 두른 다음 주키니의 물기
   를 닦아 올린다. 노릇하게 구워지면 뒤집어서 다른 면을 구운 후 접시에
   올린다.

3 드레싱에 바질 페스토와 다진 파슬리를 넣고 잘 섞어서 숟가락으로 주
   키니 위에 살살 뿌린다. 그릭 요구르트도 한 스푼씩 떠서 올린다.

4 핑크 페퍼와 통후추 간 것을 뿌린다.

비트 렌틸콩 샐러드

Beet and Lentils Salad

〈 60min 〉

30년 전 유학 시절 '학식'으로 뜨끈한 스튜를 먹었는데
뭔가 익숙한 듯 아닌 듯한 맛이 났다. 그 스튜의 재료가 바로 렌틸콩이었다.
팥과 녹두를 좋아해서인지 이 두 곡물의 맛을 모두 지니고 있는 렌틸콩을
요리에 즐겨 쓴다. 수프, 샐러드, 밥에도 넣어 먹는다.

Ready(4인분)

렌틸콩 200g, 비트·적양파·토마토 1개씩, 홍피망 1/2개, SH드레싱 4큰술, 페타
치즈 4큰술, 다진 파슬리 2큰술, 소금 1작은술, 통후추 약간

Cooking

1. 렌틸콩은 1시간 정도 물에 담가둔다. 비트는 껍질째 씻어 세로로 반 갈라
   잠길 정도로 물을 붓고 1시간 정도 삶는다.

2. 냄비에 렌틸콩과 렌틸콩 양의 1.5배의 물, 소금 1작은술을 넣고 중간 불로
   콩 익는 냄새가 날 때까지 삶는다. 맛을 보아 고슬고슬하면 2~3분 뜸을
   들인 후 볼에 옮겨 식힌다.

3. 적양파는 가로세로 0.5~1cm 정도로 작게 깍둑썰기한다. 토마토와 홍피
   망, 페타 치즈는 적양파보다 조금 크게 깍둑썰기한다.

4. 삶은 비트는 껍질을 벗겨 웨지 모양으로 썬다.

5. 볼에 렌틸콩과 적양파, 토마토, 홍피망을 담고 드레싱을 넣어 골고루 섞
   는다.

6. 그릇에 ⑤를 담고 ④의 비트를 얹은 후 페타 치즈를 골고루 올린다. 다진
   파슬리와 통후추 간 것을 뿌려 낸다.

Hint 샐러드용 렌틸콩은 고슬고슬하게 삶는다. 비트는 다른 재료와 섞으면 붉은 물이 들기 때문에
　　　얹어서 내는 것이 좋다.

Hint 노란 파프리카는 그릇 역할을 하므로 모양이 잘 유지될 정도로 살짝만 굽는다.
각각의 채소는 따로 구워야 맛도 좋고, 모양새도 지저분하지 않다.

프로방스의 맛, 라타투이

Ratatouille

25min

프랑스 이모 댁에 가면 라타투이, 팍시, 부야베스 등 남프랑스 지방의 요리를
즐겨 먹었다. 라타투이는 프로방스의 뭉근히 끓인 채소 스튜인데 요즘 현지에서는
채소의 크기를 달리하거나 채소를 볶아서 내기도 한다.

Ready

노란 파프리카 2개, 홍피망 1/2개, 주키니·가지·양파 1/4개씩, 방울토마토 4개,
빵가루 1큰술, SH드레싱 2큰술, 파르메산 치즈 1큰술, 올리브 오일 적당량, 타임
가루·소금·통후추 약간씩

Cooking

1 노란 파프리카는 꼭지를 짧게 자르고 씻어서 물기를 닦은 후 반으로 갈
   라 씨를 뺀다.

2 나머지 채소는 모두 꼭지를 떼고 씻어서 가로세로 1cm 크기로 자른다.

3 달군 팬에 기름 없이 빵가루를 살짝 굽는다.

4 팬을 중간 불로 낮추고 ①의 파프리카 잘린 단면이 팬에 닿게 올려 올리
   브 오일을 약간 두르고 노릇하게 굽는다. 뒤집어서 다른 면도 노릇하게
   구워낸다.

5 나머지 채소도 각각 팬에 올려 올리브 오일을 약간씩 두르며 노릇하게
   구운 뒤 볼에 담는다. 드레싱과 빵가루, 타임 가루, 소금, 통후추 간 것을
   넣어 잘 섞는다.

6 ⑤를 노란 파프리카 속에 담는다.

7 접시에 담고 파르메산 치즈를 갈아 올린 후 통후추를 갈아 살짝 뿌린다.

Hint 프루츠 케이퍼는 케이퍼의 열매로 알이 크고 줄기가 달려 있다. 연어를 올리브 오일로
매리네이드하면 잡내가 사라지고 부드러우면서도 촉촉해진다.

여름의 맛, 연어 주키니 샐러드
Salmon and Zucchini Salad

25min

은퇴 후 서울 서래마을을 떠나 니스에 사고 있는 녕(Nhyung)이
레스토랑 오픈 소식을 듣고 찾아와서 남프랑스 요리를 가르쳐주었다.
니스식 주키니 샐러드는 연어와 잘 어울린다.

Ready
연어 2토막(300g), 라임 1개, 주키니 1/2개, 마늘 2쪽, 올리브 오일 2큰술, SH드레싱
2큰술, 프루츠 케이퍼 3~4개, 딜·핑크 페퍼·소금·통후추 약간씩

Cooking
1 연어는 종이 타월로 물기를 제거한 후 올리브 오일 1큰술, 소금, 통후추
   간 것을 뿌려둔다.

2 달군 팬에 올리브 오일 1큰술을 두르고 연어를 올려 앞뒤로 노릇하게 굽
   는다. 이때 한 번만 뒤집어야 모양이 흐트러지지 않는다.

3 라임은 껍질을 소금으로 문질러 씻어 슬라이스한다. 마늘도 얇게 슬라이
   스한다.

4 팬을 달군 후 중간 불로 낮춰 올리브 오일을 살짝 두르고 마늘을 굽는다.

5 주키니는 세로로 반 가른 뒤 필러를 이용해 0.3cm 두께로 슬라이스해서
   볼에 담는다. 너무 얇으면 빨리 물러지니 손에 힘을 주고 작업한다.

6 먹기 직전에 주키니에 드레싱을 섞는다.

7 구운 연어와 주키니를 어우러지게 담고, 프루츠 케이퍼와 슬라이스한 라
   임을 연어 위에 올린다.

8 ④의 구운 마늘과 딜, 핑크 페퍼를 올리고 통후추를 갈아 뿌린다.

Hint 주키니는 미리 드레싱을 뿌려두면 숨이 죽으니 먹기 직전에 섞는다.

주키니 볼 샐러드

Zucchini Salad

10min

주키니를 필러로 슬라이스해 생으로 먹는 샐러드는
냉파스타에 올려 먹으면 맛있다. 여름날 애용하는 샐러드다.

Ready
주키니 1/2개, 마늘 1쪽, SH드레싱 2큰술, 올리브 오일·핑크 페퍼·딜·통후추 약간씩

Cooking

1 주키니는 씻어 세로로 반 가른 뒤 필러를 이용해 0.3cm 두께로 슬라이스
   한다.

2 마늘은 얇게 슬라이스해 올리브 오일을 두른 팬에 올려 노릇하게 굽는다.

3 볼에 주키니와 구운 마늘을 담고 드레싱을 뿌린 후 딜과 핑크 페퍼, 통후
   추 간 것으로 마무리한다.

니스풍 참치 샐러드

Nice Style Salad

25min

지중해에 접한 니스는 파리나 리옹보다 샐러드 재료가 풍부하고, 안초비와 참치
요리도 많다. 어느 해 부활절 방학에 니스 여행길에서 칸에 사는 할머니를 만났다.
할머니는 이국의 젊은이에게 여행지를 안내해주고 집에서 재워주기까지 했다.
그 집에서 샐러드로 아침을 먹을 때 주방으로 들어오던
따스한 햇살이 아련하다.

Ready

버터 헤드 레터스 1/2포기, 달걀 2개, 블랙 올리브 10개, 캔 참치 1개, 그린빈 6개,
토마토 2개, 방울토마토 5개, 적양파 1/4개, SH드레싱 3큰술, 바질잎·다진 파슬리
약간씩, 소금 1/2작은술, 통후추 약간

Cooking

1 버터 헤드 레터스는 씻어서 체에 밭쳐 가로로 3~4등분한다.

2 달걀은 실온에 꺼내두었다가 반숙(7~8분)으로 삶아 반으로 가른다.

3 블랙 올리브는 체에 밭쳐 물로 한두 번 헹군다.

4 캔 참치는 체에 밭쳐 기름기를 뺀다.

5 그린빈은 씻어서 양끝을 잘라 다듬는다. 끓는 물에 소금 1/2작은술을 넣
   고 그린빈을 3~4분간 데쳐 건진 후 식힌다.

6 토마토는 씻어 꼭지를 뗀 뒤 웨지로 자르고, 방울토마토는 반으로 가른
   다. 적양파는 얇게 슬라이스한다.

7 접시에 버터 헤드 레터스를 담고 달걀과 올리브, 참치, 그린빈, 토마토, 적
   양파를 보기 좋게 올린 후 드레싱을 골고루 뿌린다.

8 바질잎과 다진 파슬리를 올리고 통후추를 갈아서 뿌린다.

Hint 채소를 구울 때 볶듯이 뒤적이지 말고 가만히 두었다가 노릇하게 구워지면 뒤집어 굽는다.
이렇게 해야 물기가 나오지 않아 맛있고 모양도 예쁘다.

볶은 채소를 곁들인 쿠스쿠스

Couscous Tabbouleh

45min

프랑스에서는 쿠스쿠스에 다양한 생채소를 곁들여 먹는데, 나는 각종 채소를 볶은 후 민트잎만 생으로 넣는다. 익힌 채소의 부드러운 식감과 허브잎의 향긋함이 좋다.

Ready(4인분)

쿠스쿠스 1컵(200g), 강황 가루·소금 1작은술씩, 올리브 오일 1큰술, 당근·양파 1개씩, 홍피망 2개, 토마토 1개, 주키니 1/2개, 가지 1/2개, SH드레싱 4큰술, 타임 가루 2작은술, 파슬리 가루 1작은술, 민트잎·소금·통후추 약간씩

Cooking

1 냄비에 물 1 1/2컵을 넣고 끓으면 쿠스쿠스, 강황 가루, 소금 1작은술을 넣는다. 뚜껑을 닫고 잠시 기다렸다가 다시 끓어오르면 불을 끄고 1~2분 뜸을 들인다.

2 ①의 쿠스쿠스를 숟가락으로 살살 긁어가며 올리브 오일 1큰술을 넣고 골고루 섞어 식힌다.

3 당근은 가로세로 2cm 정도로 깍둑썰기해 끓는 물에 소금을 약간 넣고 삶아 건진다.

4 양파, 홍피망, 가지는 당근과 비슷한 크기로 깍둑썰기하고, 토마토와 주키니는 반원 또는 부채꼴로 썬다.

5 달군 팬에 올리브 오일을 살짝 두른 후 중간 불로 ④의 채소를 각각 올려 노릇하게 굽는다. 모두 타임 가루와 소금, 통후추 간 것을 살짝 뿌린다.

6 그릇에 ②의 쿠스쿠스를 담고 ⑤의 채소를 곁들인 뒤 드레싱을 뿌린다. 파슬리 가루와 민트잎을 올리고 통후추를 갈아 뿌린다.

가지 퓌레 닭가슴살구이

Chicken with Mashed Eggplant

35min

터키에서는 가지 퓌레를 샐러드로 먹는다. 가지를 오븐에 구워 속만 으깨 쓰는데
가지를 구우면 쪄서 먹을 때보다 맛이 더 달착지근하다. 터키에서는 가지 껍질을
벗기는데 나는 가지 껍질이 영양도 좋고 부드러워 껍질까지 함께 으깼다.

Ready

닭가슴살 2쪽, 가지·풋고추 2개씩, 블랙 올리브 8~10개, 올리브 오일 2큰술,
SH드레싱 2큰술, 발사믹 식초 1큰술, 다진 파슬리·통후추 약간씩, 식빵 2쪽
고기 양념(올리브 오일 2큰술, 소금·통후추 약간씩), 고기 소스(SH드레싱 2큰술,
다진 파슬리 1/2큰술, 케이퍼 1/2큰술, 강황 가루 약간))

Cooking

1 닭가슴살은 저미듯이 납작하게 썰어 고기 양념 재료로 밑간한다.

2 분량의 재료를 섞어 고기 소스를 만든다.

3 가지는 씻어서 꼭지를 자른 후 세로로 반 갈라 물기를 닦는다. 풋고추는
   반으로 갈라 씨를 털고 다진다.

4 팬을 달군 후 중간 불로 낮추고 올리브 오일 1큰술을 두른 다음 ③의 가
   지를 올려 푹 익도록 굽는다.

5 볼에 ④의 가지를 담아 뜨거울 때 숟가락으로 으깬 후 올리브와 다진 풋
   고추, 다진 파슬리, 드레싱, 발사믹 식초를 넣어 골고루 섞는다.

6 달군 팬을 중간 불로 낮춘 후 올리브 오일 1큰술을 두르고 ①의 닭가슴
   살을 올려 앞뒤로 노릇하게 굽는다.

7 접시에 닭가슴살을 담고 고기 소스를 숟가락으로 떠서 올린 후 통후추를
   갈아서 뿌리고, ⑤의 가지 퓌레를 곁들인다. 식빵을 토스트해 함께 낸다.

Hint 풋고추는 살짝 구우면 아삭하고, 오래 구우면 부드러우니 취향대로 굽기를 조절한다.
파르메산 치즈 1큰술을 갈아 올려도 색다른 맛을 즐길 수 있다.

삶은 보리와 풋고추구이

Barley with Green Chilli

25min

어린 시절에는 보리가 싫었는데 이제는 푹 삶은 보리의 구수한 맛을 알게 된 것
같다. 프랑스에 의외로 보리 요리가 많다. 삶은 보리는 렌틸콩, 병아리콩처럼 곡물
샐러드로 활용하기에 좋다. 거기에 터키식 고추구이를 곁들이면
느끼하지 않아 우리 입맛에 잘 맞는다.

Ready

보리 2컵, 흑미 1큰술, 소금 1작은술, 풋고추 8개, 잣 1큰술, 올리브 오일 1큰술,
SH드레싱 2큰술, 다진 파슬리·통후추 약간씩
풋고추 소(리코타 치즈 2큰술, 타임 가루·파슬리 가루·강황 가루 1작은술씩)

Cooking

1 보리는 전날 밤 불려둔다. 물 4컵에 불린 보리와 흑미, 소금을 넣고 중간
   불에 20분, 약한 불에 10분 정도 삶은 뒤 체에 밭친다.

2 삶은 보리를 볼에 담고 올리브 오일 1큰술을 넣은 후 숟가락으로 살살 섞
   어 김을 날리며 식힌다.

3 풋고추는 꼭지를 떼고 반으로 갈라 씨를 뺀다.

4 달군 팬에 잣을 올려 구워 꺼낸다. 팬에 올리브 오일을 살짝 두르고 풋고
   추를 올려 중간 불에 앞뒤로 살짝 굽는다.

5 리코타 치즈에 타임 가루, 파슬리 가루를 섞어 풋고추 속에 채우고 강황
   가루를 살살 뿌린다.

6 ②의 식힌 보리에 드레싱을 섞어 접시에 담고 풋고추를 곁들인다.

7 구운 잣과 다진 파슬리, 통후추 간 것을 뿌려 마무리한다.

매콤새콤 양배추 샐러드
Cabbage Salad

25min

터키 여행 중 머물렀던 별장에서 먹은 양배추 샐러드가 별미였다.
콜슬로에서 마요네즈가 빠진 맛인데 라임즙을 넣어서인지 상큼하고 아삭했다.
한 번에 많이 만들어 냉장고에 두고 빵에도 올려 먹고, 고기에도 곁들인다.

Ready

양배추 1/4통, 양파 1/2개, 풋고추 2~4개, 라임 1개(또는 라임주스 3큰술),
SH드레싱 3큰술, 셀러리잎(또는 파슬리)·통후추 약간씩

Cooking

1 양배추는 겉잎을 정리하고 칼로 가늘게 채 썰거나 채칼로 친 후 찬물에
 담갔다가 헹궈서 체에 밭친다. 미리 채 썰어 물에 담가 냉장고에 넣어두
 었다가 샐러드로 만들면 더욱 아삭하다.

2 양파는 얇게 슬라이스하고, 풋고추는 씨를 뺀 뒤 얇게 송송 썬다.

3 셀러리잎은 가늘게 채 썰고, 라임은 얇은 슬라이스 2~3조각만 썰고 나머
 지는 남겨둔다.

4 채 썬 셀러리잎의 반을 남기고, 반을 볼에 담는다. 나머지 샐러드 재료도
 모두 볼에 담고 드레싱을 뿌린 후 숟가락 2개로 골고루 비빈다.

5 그릇에 ④를 먹음직스럽게 담고, 남겨둔 라임의 즙을 골고루 짜 넣는다.
 남겨둔 셀러리잎과 통후추 간 것을 뿌린다.

Hint 냉장고에 1시간 정도 두었다 먹으면 아삭하다.

리코타 치즈를 넣은 닭가슴살과 로메인
Chicken with Romaine

30min

우리에게 상추가 있다면, 유럽 사람들에겐 로메인이 있다.
로메인은 아삭한 식감이 매력적이다. 리코타 치즈를 넣은 닭가슴살과 로메인을
한 덩어리로 두툼하게 놓아 각자 잘라 먹도록 한다.

Ready

로메인 레터스 1포기, 닭가슴살 2쪽, 호두 2큰술, SH드레싱 2큰술, 라임(또는 레몬)
1/2개, 파르메산 치즈 1큰술, 올리브 오일·다진 파슬리·통후추 약간씩
고기 양념(올리브 오일·소금·통후추·로즈메리 약간씩), 리코타 소(리코타 치즈
2큰술, 다진 파슬리 1큰술, 통후추 약간)

Cooking

1 로메인은 반으로 갈라 찬물에 20분 정도 담가둔다.

2 닭가슴살은 덜 둥근 쪽에서 칼집을 넣어 끝을 1cm 정도 남기고 가른 후
  올리브 오일, 소금, 통후추 간 것으로 밑간하고 로즈메리를 겉면에 뿌린다.

3 호두는 달군 팬에 기름 없이 굽는다.

4 작은 볼에 리코타 치즈, 다진 파슬리, 통후추 간 것을 넣고 숟가락으로
  살살 비빈다.

5 팬을 달군 후 중간 불로 낮추고 닭가슴살에 올리브 오일을 살짝 뿌려 노
  릇하게 굽는다. 한 면이 구워지면 뒤집어서 뚜껑을 반 정도 덮고 나머지
  면을 노릇하게 구워 식힌다.

6 ⑤의 닭가슴살 사이에 ④의 리코타 소를 꾹꾹 눌러 채운 후 예쁘게 모
  양을 잡는다.

7 접시에 로메인과 닭가슴살을 담고 로메인 위에 드레싱을 뿌린다.

8 파르메산 치즈를 그레이터로 갈아 올린 후 다진 파슬리, 통후추 간 것,
  구운 호두를 올리고 라임 즙을 짜서 뿌린다.

오징어 블랙빈 샐러드

Squid with Black Beans

35min

우리는 검은콩 하면 콩밥과 콩자반만 떠오르는데 터키 사람들은
콩을 샐러드로 먹는다. 검은콩은 푹 삶으면 구수한 맛이 좋다.

Ready

검은콩(서리태) 1컵, 소금 1작은술, 오징어 1마리, 레몬 1개, 다진 파슬리 1큰술,
SH드레싱 2~3큰술, 통후추 약간

Cooking

1 콩은 전날 밤 불려둔다. 냄비에 불린 콩과 물 2컵, 소금 1작은술을 넣고
   20~30분 중간 불로 푹 삶은 후 체에 밭쳐 식힌다.

2 레몬은 소금으로 문질러 닦아 반은 슬라이스하고 나머지는 남겨둔다.

3 오징어는 내장을 제거하고 씻어서 통째로 데친 뒤 1~1.5cm 폭의 링 모양
   으로 자른다. 오징어는 물을 조금 넣고 저수분으로 데치면 더 맛있다.

4 볼에 검은콩을 담고 오징어를 올린다. 레몬은 즙을 짜서 오징어 위에 뿌
   리고, 드레싱은 골고루 두른다.

5 레몬 슬라이스와 다진 파슬리를 얹고 통후추를 갈아 뿌린다.

오렌지 오징어구이

Squid with Orange

25min

지중해 지방에서는 오징어에 오렌지 등 과일을 곁들여 즐겨 먹는다.
오징어는 데치는 것보다 구워 먹는 것이 맛도 진하고 질감도 더 쫀득쫀득하다.
파스타에 구운 오징어를 올려 먹어도 맛있다. 오징어를 구울 때는
물기를 잘 닦고 팬에 올려야 모양새가 깔끔하다.

Ready
오징어 2마리, 오렌지 1개, SH드레싱 2큰술, 올리브 오일·다진 파슬리·통후추 약간씩

Cooking
1 오징어는 내장을 빼고 씻어 통으로 준비한 후 종이 타월로 물기를 닦는다.
2 팬을 달군 후 약한 불로 낮추고 올리브 오일을 둘러 오징어를 굽는다. 앞
   뒤로 살짝 눌러가며 모양 잡아 굽다가 센 불로 올려 재빨리 익힌다.
3 오렌지는 사과 깎듯이 속껍질까지 돌려 깎은 뒤 둥근 모양을 살려 1cm
   두께로 슬라이스한다.
4 접시에 오렌지를 깔고 오징어를 올린 후 드레싱을 뿌린다.
5 다진 파슬리를 올리고 통후추를 갈아 뿌린다.

Hint 말린 콩은 전날 물에 불렸다가 삶는다. 중간에 뚜껑을 열고 삶으면 콩 색이 더욱 선명해진다.

믹스빈 샐러드

Mixed Beans Salad

35min

여름, 가을에 제철 콩이 나오면 이것저것 사다가 냉동해두고 샐러드를 만든다.
각종 콩을 섞으면 컬러도, 크기도, 식감도 다양해
보기에 좋을 뿐만 아니라 맛도 다채롭다.

Ready(4인분)

각종 콩 2컵(호랑이콩, 완두콩, 강낭콩, 검은콩, 병아리콩 등), 소금 1작은술, 오이
1/2개, 방울토마토 4~5개, 홍피망 1개, SH드레싱 4큰술, 고수잎·민트 가루(또는
파슬리 가루)·통후추 약간씩

Cooking

1 콩은 모두 씻어서 완두콩을 제외한 나머지 콩을 냄비에 담고, 콩이 잠길
   정도로 물을 부은 후 소금을 넣고 삶는다. 센 불에 팔팔 끓이다가 콩 익
   는 냄새가 나면 중간 불로 낮추고, 완두콩을 넣는다. 뚜껑을 열고 10분 정
   도 더 삶은 후 체에 밭쳐 식힌다.

2 오이는 반원으로 썰고, 방울토마토는 세로로 4등분한다. 피망은 꼭지
   를 떼고 씨를 뺀 후 가로세로 1cm 정도로 깍둑썰기한다.

3 그릇에 콩을 담고, ②의 채소를 넣어 골고루 섞은 후 드레싱을 뿌린다.

4 고수잎을 올리고 민트 가루, 통후추 간 것으로 마무리한다.

뿌리채소 퀴노아 샐러드

Quinoa with Roots Vege

40min

퀴노아에 고구마와 연근 등 뿌리채소를 곁들인 건강한 맛의 샐러드다.
곡물 종류는 한 번에 넉넉히 삶아 나눠서 냉동해두면
그때그때 활용하기에 편리하다.

Ready(4인분)

퀴노아 1컵, 올리브 오일 1큰술, 소금 1작은술, 호박고구마 2개, 연근 1/4개, 적양파
1/2개, 아몬드 슬라이스 1큰술, SH드레싱 4큰술, 고수잎·다진 파슬리 1큰술씩,
통후추 약간

Cooking

1 냄비에 퀴노아를 담고 퀴노아 2배의 물과 올리브 오일 1큰술, 소금 1작은
술을 넣어 중간 불에 15분 정도 끓인다. 물기가 조금 남았을 때 약한 불로
낮춰 10분간 그대로 둔다.

2 호박고구마와 연근은 껍질을 벗겨 고구마는 손가락 두께로 길게 자르
고, 연근은 0.5cm 두께로 슬라이스한다. 적양파는 껍질을 벗기고 씻어
다진다.

3 달군 팬에 아몬드 슬라이스를 살짝 구워 꺼낸 후 중간 불로 낮추고 ②의
고구마와 연근을 올려 앞뒤로 노릇하게 구워 식힌다. 고구마는 기름 없이,
연근은 올리브 오일을 약간 두르고 굽는다.

4 접시에 퀴노아를 담고, 구운 고구마와 연근을 올린 후 드레싱을 골고루
뿌린다.

5 적양파와 아몬드를 뿌리고, 고수잎과 다진 파슬리를 올린 후 통후추를
갈아서 뿌린다.

Hint 호박고구마가 없을 경우 강황 가루를 살짝 발라 구우면 예쁜 노란색이 된다.

Hint 캔 병아리콩은 물에 한 번 헹궈 체에 밭쳐 쓴다.

병아리콩 근대 샐러드

Chick Peas with Beet Greens

15min

지중해 지방에서 의외로 근대를 즐겨 먹는다. 지중해 사람들은 그라탱이나 빵에
종종 근대를 넣곤 한다. 근대는 저수분으로 데쳐 올리브 오일에 살짝 볶으면 맛있고,
후무스를 만드는 병아리콩을 곁들여도 잘 어울린다.

Ready(4인분)

병아리콩 1컵, 소금 2작은술, 근대 4~6장, 적양파 1/4개, 올리브 오일 1큰술, 갈릭
파우더 1작은술, SH드레싱 4큰술, 다진 파슬리·통후추 약간씩

Cooking

1   병아리콩은 하루 전날 3배의 물에 불린다. 불린 콩에 물 2컵, 소금 1작은
   술을 넣고 중간 불로 30분, 약한 불로 30분 삶아 체에 밭친다.

2   근대는 다듬어 씻어서 가로로 2~3등분한다. 물기가 있는 채로 냄비에 담
   아 소금 1작은술을 뿌리고 뚜껑을 닫아 데친 후 올리브 오일과 갈릭 파우
   더를 뿌린다.

3   적양파는 얇게 슬라이스한다.

4   볼에 병아리콩, 근대, 적양파를 담고 드레싱을 뿌린다.

5   다진 파슬리와 통후추 간 것으로 마무리한다.

PART 3

휴일을 위한
브런치 샐러드

salad

아스파라거스 달걀 샐러드
Asparagus and Egg Salad

25min

아스파라거스는 스테이크에 곁들이는 사이드 채소로만 생각하는 경우가
많은데 반숙 달걀을 곁들이면 맛도 영양도 충실해 한 끼 식사로 손색이 없다.
아스파라거스는 통째로 구워 내면 푸짐하고 먹음직스럽다.

Ready

그린 아스파라거스 4~6개, 달걀 2개, 아몬드 1큰술, 올리브 오일 1큰술,
소금 1/4작은술, 비네그레트드레싱 2~3큰술, 파슬리 가루 1큰술, 통후추 약간

Cooking

1 아스파라거스는 끝부분과 줄기를 다듬어 씻는다.

2 달걀은 실온에 꺼내두었다가 취향에 맞게 반숙(7~8분) 또는 완숙(9~10
   분)으로 삶는다.

3 달군 팬에 아몬드를 구워 큼직하게 다진다.

4 팬을 중간 불로 낮추고 아스파라거스를 물기가 있는 채로 올려 소금을
   뿌리고 올리브 오일을 둘러 5~7분 노릇하게 굽는다. 이때 마지막 1~2분
   을 센 불로 구우면 식감이 아삭해진다.

5 접시에 가지런히 담고 드레싱을 뿌린 후 달걀을 반으로 잘라 올린다.

6 다진 아몬드를 뿌리고 파슬리 가루와 통후추 간 것으로 마무리한다.

리옹의 프리세 샐러드

Lyon Style Frisée Salad

35min

리옹(Lyon)은 프랑스에서도 알아주는 미식의 도시다. 처음 리옹의 구시가지에
들어섰을 때 온갖 음식 냄새가 나던 순간이 아직도 생생하다.
프리세 샐러드는 두툼한 베이컨을 숭덩숭덩 썰어 넣고 수란을 곁들여
바게트와 함께 먹는 리옹의 전통 샐러드다.

Ready(4인분)

프리세 1/2개, 삼겹살(또는 베이컨) 4줄, 달걀 4개, 호두 2큰술, 식초 1큰술(수란용),
SH드레싱 4큰술, 올리브 오일 적당량, 다진 파슬리 1큰술, 소금·통후추 약간씩

Cooking

1 프리세는 찬물에 20분 정도 담갔다가 헹구고 체에 밭쳐 물기를 뺀다.

2 달걀은 실온에 꺼내둔다.

3 호두는 달군 팬에 기름 없이 살짝 굽는다.

4 삼겹살은 소금, 통후추 간 것을 뿌린 후 팬에 올리브 오일을 두르고 바삭
   하게 굽는다. 식혀서 0.5cm 폭으로 길쭉하게 썬다.

5 깊은 냄비에 물을 끓이다가 식초를 1큰술 넣고 숟가락으로 동그랗게 2~3
   회 저은 후 중간 불로 낮춘다.

6 달걀을 깨서 국자에 담아 끓는 물에 담가 흰자가 익어 동그란 모양이 되
   면 건져서 체에 밭친다.

7 프리세를 손으로 뜯어 2~3등분해 접시에 담고, 수란을 올린 후 ④의 삼
   겹살을 담는다.

8 구운 호두를 얹고 드레싱을 두른 후 다진 파슬리를 뿌린다.

9 수란을 칼로 잘라 노른자가 보이게 하고, 통후추를 갈아 살짝 뿌려 낸다.

폴렌타 라타투이

Polenta Ratatouille

45min

폴렌타는 옥수수 등 곡물 가루로 만든 이탈리아 수프다.
폴렌타 가루는 그라탱, 케이크, 크레이프 등에 다양하게 활용할 수 있는데,
맛이 담백해서 여러 가지 재료를 곁들여도 무난히 어울린다.

Ready(4인분)

폴렌타 가루 2컵(180g), 소금 1작은술, 가지·파프리카·양파·토마토 1개씩, SH드레싱
2큰술, 파르메산 치즈 2큰술, 올리브 오일 1큰술, 타임 가루·통후추 약간씩

Cooking

1 폴렌타 가루를 1.5배의 물과 함께 끓이다가 소금 1작은술을 넣는다. 다시
    끓기 시작하면 불을 끈 후 5분 정도 뜸을 들인다.

2 ①이 식기 전에 파르메산 치즈, 올리브 오일 1큰술 순으로 넣고 숟가락으
    로 섞어가며 식힌다.

3 가지와 파프리카는 꼭지를 떼 가로세로 1cm 크기로 깍둑썰기하고 양파
    와 토마토도 비슷한 크기로 썬다.

4 달군 팬에 올리브 오일을 살짝 두르고 중간 불로 양파, 파프리카, 가지, 토
    마토 순으로 각각 볶아낸다. 소금과 통후추 간 것을 살짝 뿌린다.

5 볼에 ④를 담고 드레싱을 넣은 후 숟가락으로 잘 섞는다.

6 오목한 그릇에 ②의 폴렌타를 담고, ⑤의 라타투이를 한쪽에 소담하게
    담는다.

7 타임 가루와 통후추 간 것을 뿌린다.

셀러리를 곁들인 치킨 케밥

Chicken Kebab with Celery

───────⟨ 30min ⟩───────

터키를 여행하면서 보니 한국이나 프랑스에서 보던 것같이 원통형 양고기를 돌려가며 잘라주는 것만 케밥이 아니었다. 케밥 레스토랑에서는 양고기뿐 아니라 쇠고기, 닭고기 등을 갖가지 소스로 구워 냈는데, 그것을 색다르게 응용해보았다.

Ready

닭가슴살 2쪽, 마늘 2쪽, 셀러리 4줄기, 셜롯 1개, 호두 1큰술, SH드레싱 2큰술, 다진 파슬리 1큰술, 로즈메리 2줄기, 올리브 오일 적당량, 통후추 약간
고기 양념(올리브 오일 2큰술, 강황 가루·파프리카 가루·타임 가루·로즈메리 가루·소금 1작은술씩, 통후추 약간)

Cooking

1 닭가슴살은 고기 양념 재료에 재워 냉장고에 30분 이상 둔다.

2 마늘은 편으로 썰고, 셀러리는 어슷하게 자른다. 셜롯은 가로로 얇게 슬라이스한다.

3 셀러리는 볼에 담아 드레싱과 다진 파슬리를 넣고 잘 섞는다.

4 팬을 달군 후 중간 불로 낮추고 호두를 살짝 구워서 꺼낸다. 팬에 올리브 오일을 두르고 마늘을 노릇하게 구워 꺼내둔다.

5 ④의 팬에 다시 올리브 오일을 두르고 ①의 닭가슴살을 올려 앞뒤로 노릇하게 굽는다. 이때 냄비 뚜껑을 반쯤 걸쳐두면 겉은 바삭하고 속은 촉촉한 식감이 된다.

6 닭가슴살을 꺼내고 불을 끈 후 로즈메리 줄기를 올려 남은 올리브 오일에 묻히며 잔열로 향을 낸다.

7 접시에 닭고기를 담고 통후추를 갈아 살짝 뿌린 후 향을 낸 로즈메리 줄기를 올린다.

8 다른 접시에 ③을 담고 구운 호두와 마늘, 셜롯을 올려 낸다.

Emmental

파리지엔 샐러드

Paris Salad

15min

프랑스 사람들에게 잠봉과 에멘탈 치즈는 우리의 김치, 된장 같은 존재다.
잠봉과 에멘탈 치즈를 넣은 이 메뉴는 파리의 어느 레스토랑에서나
만날 수 있는 기본 샐러드다.

Ready

로메인 레터스 1포기, 달걀 2개, 잠봉·에멘탈 치즈 2장씩, 양송이버섯 2개, 호두
1큰술, SH드레싱 2큰술, 통후추 약간

Cooking

1 로메인은 겉잎을 정리하고 손으로 큼직하게 잘라 씻은 후 체에 밭친다.

2 달걀은 실온에 미리 꺼내두었다가 반숙(7~8분)으로 삶아 식힌다.

3 잠봉은 2cm 폭으로 길쭉하게, 에멘탈 치즈는 2×3cm 정도 크기로 썬다.

4 호두는 달군 팬에 기름 없이 굽는다.

5 양송이는 젖은 종이 타월로 먼지를 닦고 기둥 끝만 조금 자른 후 0.3~
   0.4cm 두께로 슬라이스한다. 싱싱한 양송이는 기둥까지 먹는다.

6 접시에 로메인을 담고, 달걀을 반으로 잘라 올린 후 잠봉, 에멘탈 치즈,
   양송이를 담는다.

7 호두를 올리고 드레싱을 골고루 뿌린 후 반숙 달걀 위에 통후추를 갈아
   살짝 뿌린다.

Hint 로메인은 낱장으로 분리되어 있는 것보다 포기 로메인이 좀 더 아삭하다.
      삶은 감자와 크루통을 곁들여도 좋다.

채소 뇨키 샐러드
Gnocchi with Vege

35min

유학 시절 수제비가 너무 먹고 싶어서 밀가루와 달걀로 반죽해 숟가락으로
떠 넣어 만들어 먹었던 기억이 있다. 뇨키를 만들어보니 감자만 빠졌지 수제비
반죽과 별반 다르지 않았다. 뇨키는 직접 만들면 쫀득쫀득하면서 부드럽고
맛있으니 한가한 날 넉넉히 만들어서 냉동실에 두고 먹기를 권한다.

Ready

뇨키 200g, 소금 1작은술, 올리브 오일 1큰술, 방울토마토 4~6개, 프로슈토 2조각,
호두 4알, SH드레싱 2큰술, 파르메산 치즈·루콜라·타임 가루·다진 파슬리·통후추
약간씩
뇨키(삶은 감자 4~5개, 밀가루 1컵, 달걀 1개, 소금 1작은술, 파르메산 치즈 가루
4큰술)

Cooking

1 볼에 분량의 뇨키 재료를 섞어 반죽해 뇨키를 만든다.

2 방울토마토와 루콜라는 씻어서 체에 밭친다.

3 프로슈토는 2cm 폭으로 자른다. 손으로 살살 찢어도 된다.

4 끓는 물에 소금 1작은술을 넣고 뇨키를 삶는다. 동동 떠오르면 건져내 올
리브 오일 1큰술을 넣고 골고루 섞는다.

5 달군 팬에 호두를 구운 뒤 꺼낸다. 팬에 올리브 오일을 살짝 두르고 중간
불에서 방울토마토를 구운 후 타임 가루를 뿌린다.

6 그릇에 ④의 뇨키를 담고, 통후추를 갈아 살짝 뿌린 후 프로슈토와 방울
토마토, 루콜라를 담고 파르메산 치즈를 필러로 슬라이스해 올린다.

7 드레싱을 두르고 구운 호두와 다진 파슬리를 올린 파르메산 치즈와 통후
추를 갈아 뿌린다.

Hint 뇨키가 동동 떠오르면 재빨리 건져내야 쫀득하다. 오래 삶으면 물러진다.

대파 소시지 샐러드
Spring Onion with Sausage

⎯⎯⎯⎯⎯⎯⎯⎯⎯⟨ 25min ⟩⎯⎯⎯⎯⎯⎯⎯⎯⎯

프랑스 온천 마을 비시(Vichy)에서 어학 공부를 할 때 홈 스테이 주인 할머니가
샐러드를 해주셨는데 부드러우면서 뭔가 익숙한 맛이었다. 알고 보니 대파찜
샐러드였다. 한국에 와서도 종종 생각나서 올리브 오일을 듬뿍 둘러 대파를
구워 하곤 했는데 사람들의 반응이 좋았다. 대파를 오일에 구우면 단맛이 올라가고
부드러워진다. 특히 겨울 대파는 보약이라 꼭 챙겨 해먹는 메뉴다.

Ready

대파 1대(중간 크기), 올리브 오일 2큰술, 소시지 2~4개, SH드레싱 2큰술, 홀그레인
머스터드 2작은술, 통후추 약간

Cooking

1 대파는 뿌리 부분을 잘라내고 씻어 팬 사이즈에 맞춰 자른다.

2 팬을 달군 후 중간 불로 낮추고 대파를 물기가 있는 채로 올린 다음 올리
   브 오일을 두른다.

3 소시지는 끓는 물에 데친다.

4 대파 굽는 냄새가 나면 뒤집어서 노릇하게 구워 꺼낸 다음 팬에 ③의 소
   시지를 올려 굽는다.

5 접시에 대파를 가지런히 담고 소시지를 놓는다. 드레싱을 골고루 두르고,
   통후추를 갈아서 뿌린다. 홀그레인 머스터드는 따로 담아낸다.

Hint 중간 굵기의 파가 통으로 굽기에 적당하다. 파를 씻어서 물기가 있는 채로 구워야
      촉촉하고 부드럽다.

페타 치즈 두부 샐러드

Tofu Salad

25min

두부를 끓는 물에 살짝 데치면 무척 부드럽다. 토마토와 치즈를 섞어 샐러드를
만들어도 좋고, 더 간단하게는 두부를 데쳐서 가운데 부분을 숟가락으로
똑 떠내고 올리브 오일과 통후추를 뿌려 먹기도 한다.

Ready

두부 1모, 달걀 2개, 방울토마토 4~5개, 올리브 오일 2큰술, 페타 치즈 2큰술, 강황
가루 1/2작은술, SH드레싱 1큰술, 다진 파슬리 1/2큰술, 바질 가루·소금·통후추
약간씩, 치아바타 1개

Cooking

1 두부는 물에 살짝 헹궈 큼직하게 4등분한다. 끓는 물에 두부를 살짝 데
   쳐 손으로 꼭 짠 후 종이 타월로 물기를 닦는다.

2 고슬고슬해진 두부에 페타 치즈와 강황 가루, 드레싱을 넣고 섞는다.

3 달걀은 반숙(7~8분)으로 삶는다.

4 방울토마토는 세로로 4등분한 후 소금을 살짝 뿌려둔다.

5 접시에 두부를 담고 방울토마토를 올린 후 달걀을 반으로 잘라 올린다.

6 다진 파슬리와 통후추 간 것을 뿌리고, 치아바타를 곁들여 낸다.

Hint 페타 치즈가 들어가서 두부에 소금 간을 할 필요가 없다.

완두콩 그린빈 샐러드
Peas and Green Beans Salad

35min

완두콩과 그린빈의 초록빛 샐러드. 그린빈과 완두콩은 데쳐서 냉동해두면
샐러드뿐 아니라 고기 메뉴, 볶음밥, 파에야에 곁들이기 좋다.

Ready

그린빈 200g, 완두콩 100g, 소금 1작은술, 달걀 2개, 마늘 4쪽, SH드레싱 2큰술,
파르메산 치즈 2큰술, 올리브 오일·통후추 약간씩

Cooking

1 그린빈은 양 끝부분을 다듬어 씻고, 완두콩은 껍질을 벗겨 씻은 후 물
   2~3큰술과 소금 1작은술 넣고 저수분으로 데쳐내 식힌다.

2 달걀은 반숙(7~8분)으로 삶아 큼직하게 깍둑썰기한다.

3 마늘은 얇게 슬라이스해 달군 팬에 올리브 오일을 두르고 중간 불에서
   노릇하게 굽는다. 이때 한쪽 옆에 그린빈과 완두콩을 올려 살짝 굽는다.

4 접시에 그린빈, 완두콩, 구운 마늘을 담고, ②의 달걀을 골고루 올린다.

5 드레싱을 두르고 파르메산 치즈를 그레이터로 갈아 올린 후 통후추를
   갈아 뿌린다.

고사리 파스타 샐러드

Bracken Fettuccine Salad

35min

봄에 고사리순 나올 때 잔뜩 사서 데친 후 냉동 보관해두고 샐러드나 파스타에 두루 쓴다. 고사리를 삶아 말리는 과정이 번거로운데, 데쳐서 냉동 보관하면 일도 수월하고 말린 것보다 색도 곱고 식감도 부드럽다. 페투치네 같은 파스타와 고사리를 돌돌 말아 내면 모양도 예쁘다.

Ready

시금치 페투치네 150g, 소금 1작은술, 올리브 오일 1큰술, 데친 고사리 한 줌, 달래 반 줌, 잣 1큰술, SH드레싱 2큰술, 파르메산 치즈·다진 파슬리·갈릭 파우더·통후추 약간씩

Cooking

1 끓는 물에 소금 1작은술을 넣고 시금치 페투치네를 제품에 표기한 시간 대로 삶는다. 삶은 페투치네에 올리브 오일 1큰술을 넣고 재빨리 비빈다.

2 데쳐 냉동한 고사리는 해동한다. 말린 고사리를 쓴다면 불린다.

3 달래는 다듬어 씻어 체에 밭친다.

4 달군 팬에 잣을 올려 구워 꺼낸 후 중간 불로 낮춘다. 팬에 고사리를 올리고 올리브 오일을 조금만 둘러 살짝 볶는다.

5 페투치네와 달래, 고사리를 젓가락이나 포크로 함께 말아 접시 위에 보기 좋게 올리고 갈릭 파우더를 살짝 뿌린다. 달래는 고사리의 잔열로 숨이 죽어 부드러워진다.

6 드레싱을 숟가락으로 떠서 올리고 구운 잣을 뿌린다.

7 파르메산 치즈는 필러로 슬라이스해 올리고, 다진 파슬리와 통후추 간 것을 뿌린다.

Hint 시금치가 들어간 페투치네는 컬러와 모양이 고사리와 잘 어우러지지만, 페투치네 외에 다른 파스타를 써도 무방하다.

케일 귀리 샐러드

Oats with Kale

30min

귀리는 요즘 인기 좋은 건강식품이다. 하지만 귀리로 만든 오트밀, 뮤슬리는
단맛이 없으면 그다지 맛있지가 않아 귀리를 푹 삶아 샐러드로 먹거나
귀리 빵을 구워 먹곤 한다.

Ready

귀리 1컵, 소금 1/2작은술, 올리브 오일 2큰술, 케일잎 2장, 갈릭 파우더 1작은술,
SH드레싱 2큰술, 다진 파슬리 1큰술, 통후추 약간씩

Cooking

1   귀리는 씻어서 물 1컵, 소금 1/2작은술을 넣고 중간 불에 20분간 삶은 후
    불을 끄고 10분 정도 뜸을 들인다.

2   삶은 귀리를 볼에 담고 올리브 오일을 넣어 섞은 후 식힌다.

3   케일은 씻어서 1cm 폭의 가로로 자른 후 물기가 있는 채로 냄비에 담는
    다. 소금을 살짝 뿌리고 뚜껑을 닫아 중간 불로 재빨리 데쳐서 식힌 뒤
    갈릭 파우더를 뿌린다.

4   식힌 귀리에 드레싱을 넣어 잘 섞은 후 접시에 담고 케일을 곁들인다.

5   다진 파슬리와 통후추 간 것을 뿌려 낸다.

바질 페스토 리가토니 샐러드

Rigatoni with Basil Pesto

25min

리가토니는 짤막한 원통 모양의 파스타로 펜네나 푸슬리처럼 소스가 잘 묻어 샐러드로 먹기 좋다. 펜네, 푸슬리보다 리카토니의 심플한 모양이 좋아 즐겨 쓴다.

Ready

리가토니 200g, 소금 1작은술, 올리브 오일 1큰술, 바질 페스토 2작은술, 주키니 1/4개, 방울토마토 2~4개, 블랙 올리브 2~4개, 파르메산 치즈·바질 가루·핑크 페퍼·소금·통후추 약간씩

Cooking

1 끓는 물에 소금 1작은술을 넣고 리가토니를 제품에 표기한 시간대로 삶는다. 삶은 리가토니에 올리브 오일 1큰술을 넣고 잘 섞은 후 바질 페스토를 넣어 비빈다.

2 주키니는 반달썰기해서 달군 팬에 올리브 오일을 살짝 두르고 중간 불로 노릇하게 구워낸다.

3 방울토마토를 ②의 팬에 올려 올리브 오일을 조금만 둘러 살짝 굽는다.

4 그릇에 리카토니를 담고 주키니, 방울토마토, 블랙 올리브를 올린다.

5 파르메산 치즈를 필러로 길게 밀어서 올린 후 바질 가루, 핑크 페퍼, 통후추 간 것을 뿌린다.

Hint 파스타에 올리브 오일을 섞어두면 퍼지지 않아 다음 날까지도 먹을 수 있다.

Hint 엔다이브는 연약하기 때문에 재빨리 노릇하게 구워야 한다.

엔다이브 잠봉 샐러드

Belgian Endive Jambon Salad

25min

잠봉은 프랑스의 대표 훈제 햄이다. 잠봉 블랑(jambon blanc)이라고도 부르는데 참나무로 훈연해 향긋하고, 향신료에 따라서 풍미가 다르다. 후추를 잔뜩 바른 매운맛과 허브를 잔뜩 바른 독특한 맛 등 다양하다. 엔다이브는 생으로 먹으면 쌉싸래한데 구우면 단맛이 올라와서 육류와 잘 어울린다.

Ready

엔다이브 4개, 잠봉 4장, 마늘 2쪽, 올리브 오일 1큰술, SH드레싱 4큰술, 다진 파슬리 1큰술, 타임 가루·통후추 약간씩

Cooking

1 엔다이브는 반으로 갈라 씻어서 물기를 뺀다.

2 잠봉은 큼직하게 3~4등분하고, 마늘은 편으로 썬다.

3 팬을 달군 후 중간 불로 낮추고 올리브 오일을 살짝 둘러 엔다이브의 자른 면이 닿게 올려 굽는다. 엔다이브를 뒤집어 구우면서 마늘을 넣고 함께 구워낸다.

4 불을 끄고 팬에 잠봉을 올려 잔열로 살짝 굽는다.

5 접시에 엔다이브를 나란히 담고, 엔다이브 사이에 잠봉과 마늘을 놓는다.

6 SH드레싱에 다진 파슬리를 넣고 잘 저어 엔다이브 위에 뿌리고, 타임 가루와 통후추 간 것으로 마무리한다.

아보카도 그린 샐러드

Avocado Green Salad

15min

프랑스에서는 아보카도를 반으로 잘라 애피타이저로 먹곤 하는데,
영양가가 높아 브런치로도 인기가 있다.

Ready

아보카도 1개, 잎채소 50g(루콜라, 민들레잎 등), 비네그레트드레싱 2큰술, 핑크
페퍼·통후추 약간씩

Cooking

1 아보카도는 닦아서 껍질째 세로 방향으로 반 가른 후 씨에 칼 끝을 꽂아
   살짝 돌려서 씨를 뺀다.

2 잎채소는 찬물에 잠깐 담갔다가 헹궈 체에 밭친다.

3 잎채소를 오목한 그릇에 담고 가운데에 아보카도를 올린다.

4 아보카도 씨 뺀 자리에 드레싱을 담고, 잎채소에도 드레싱을 뿌린다.

5 핑크 페퍼와 통후추 간 것을 고루 뿌린다.

Hint 아보카도는 껍질이 초록색을 띠고 만져볼 때 딱딱하지 않은 것이 잘 익은 것.
      잘 익은 아보카도는 칼이 잘 들어가 손질하기 쉽다.

새우 메밀국수 샐러드

Buckwheat Noodles with Shrimp

15min

프랑스 사람들은 메밀을 좋아해서 메밀로 만든 갈레트를 즐겨 먹는다.
메밀국수를 고추장 대신 샐러드드레싱에 비비면 간이 강하지 않아 부담 없이
별미를 즐길 수 있고 다른 음식과 조화도 잘 이룬다. 새우는 길게 자른
오이에 둘둘 말아 내면 하나씩 집어 먹기 좋다.

Ready

메밀면 200g, 올리브 오일 2작은술, 새우 6~8마리(껍질 깐 손질 새우), 청오이
1/2개, 잣 1큰술, SH드레싱 2큰술, 다진 파슬리 1큰술, 소금·통후추 약간씩

Cooking

1 메밀국수는 제품에 표기한 시간대로 삶는다. 중간에 한 번씩 젓가락으로
   저어가며 삶아 건져 찬물에 2~3회 헹군 후 올리브 오일 2작은술을 넣고
   살살 비벼 소금을 살짝 뿌린다.

2 새우는 씻어서 종이 타월로 물기를 닦는다.

3 오이는 소금으로 문질러 씻은 후 세로로 반 갈라 필러로 얇고 길게 슬라
   이스한다.

4 팬을 달군 후 잣을 구워 꺼내고 중간 불로 낮춘다. ②의 새우를 올리고
   올리브 오일을 살짝 둘러 노릇하게 구운 후 소금, 통후추 간 것을 뿌린다.

5 그릇에 메밀국수를 담고 젓가락을 이용해 오이와 새우를 돌돌 말아 국
   수 위에 올린다.

6 드레싱을 골고루 뿌린 뒤 구운 잣과 다진 파슬리, 통후추 간 것을 뿌린다.

Hint 메밀국수는 메밀가루 함량이 40% 이상인 것을 추천한다.

Hint 홍피망은 컬러를 고려한 매치이므로 방울토마토를 넣어도 된다.

새우 아보카도 볼

Shrimp Avocado Bowl

15min

아보카도 속을 파서 껍질을 그릇으로 이용하는 샐러드.
만들기 쉽고 모양도 상큼해 손님 초대할 때 준비하면 좋다.

Ready

새우 2마리(중간 크기), 아보카도 1개, 홍피망 1/2개, SH드레싱 2큰술, 고수잎·타임
가루·소금·통후추 약간씩

Cooking

1 새우는 껍데기를 벗기고 꼬리만 남겨 손질한 후 달군 팬에 중간 불로 구
   워내 타임 가루, 소금, 통후추 간 것을 뿌린다.

2 홍피망은 씨를 털고 가로세로 1.5cm 정도로 깍둑썰기한다.

3 잘 익은 아보카도를 반으로 갈라 숟가락을 껍질과 과육 사이에 넣어 분
   리한 후 과육을 피망과 비슷한 크기로 썬다.

4 아보카도 껍질에 피망과 아보카도 과육을 넣고 ①의 새우를 올린 후 고
   수잎을 올리고 통후추를 갈아서 뿌린다.

5 드레싱은 따로 곁들여 먹을 때 뿌린다.

PART 4

파티를 위한 샐러드

salad

채소 듬뿍 등심 샐러드
Sirloin Steak Salad

40min

등심 한 덩이와 냉장고에 남은 각종 채소들을 곁들여 먹는 메뉴. 채소를 콥 샐러드나 스푼 샐러드처럼 깍둑썰기해 푸짐하게 담아내면 든든한 메인 메뉴가 된다.

Ready(4인분)

쇠고기 등심 500g, 올리브 오일 2큰술, 방울토마토 5개, 오이 1개,
홍고추·청파프리카 1개씩, 셀러리 2줄기, 블랙 올리브 약간, 라임 4개, 고수잎 1큰술,
민트잎 2큰술, SH드레싱 4큰술, 로즈메리 2줄기, 통후추 약간
고기 양념(올리브 오일 2큰술, 타임 가루 1작은술, 소금·통후추 약간씩)

Cooking

1 등심은 고기 양념 재료로 밑간해 냉장고에 하룻밤 두었다가 꺼내 실온에 1시간 정도 둔다.

2 달군 팬에 올리브 오일 2큰술을 두른 후 등심의 모든 면을 센 불로 재빨리 구운 다음 중간 불에서 숟가락으로 올리브 오일을 끼얹어가며 앞뒤로 구워내 식힌다. 로즈메리 줄기를 팬에 올려 남은 올리브 오일에 묻히며 잔열로 향을 낸다.

3 오이, 고추, 파프리카, 셀러리는 씻어서 가로세로 1cm로 깍둑썰기한다. 방울토마토는 씻어서 반으로 가른다.

4 라임은 소금으로 문질러 씻어 웨지 모양으로 썬다.

5 볼에 ③의 채소를 담고 드레싱을 넣은 후 숟가락 2개로 골고루 섞는다.

6 고기가 충분히 식으면 최대한 얇게 썰어 접시에 담고 로즈메리를 올린 뒤 통후추를 갈아서 뿌린다.

7 ⑤의 샐러드에 블랙 올리브, 민트잎과 고수잎을 뿌리고 라임을 곁들인다.

Hint 고기는 식힌 후 잘라야 얇게 썰린다.

훈제 연어 그린 샐러드

Smoked Salmon Salad

15min

훈제 연어 샐러드는 남편과 아들의 생일, 크리스마스에 애피타이저로 준비하는
단골 메뉴다. 그린 샐러드와 연어를 번갈아 돌려 놓으면
화려한 느낌이 난다. 프랑스인 남편은 구운 빵에 버터를 발라
훈제 연어와 함께 먹는데 그 매치도 추천한다.

Ready(4인분)

훈제 연어 400g, 어린잎 채소 한 줌, 오이 1개, 라임(또는 레몬) 1개, 블랙 올리브
8~10개, 버터 적당량, 비네그레트드레싱 4큰술, 딜 가루·소금·통후추 약간씩

Cooking

1 어린잎 채소는 씻어서 체에 밭친다.

2 오이는 씻어서 필러로 길게 슬라이스한다.

3 라임은 소금을 문질러 씻은 후 얇게 슬라이스해 2등분한다.

4 넓은 접시에 어린잎 채소를 동그랗게 둘러 담고, 슬라이스한 오이를 자연
   스럽게 말아 연어와 번갈아 올린다.

5 라임을 가운데에 넣고 버터를 잘라 함께 놓는다.

6 올리브를 연어 사이사이에 올리고, 먹기 직전에 비네그레트드레싱과 딜
   가루, 소금, 통후추 간 것을 뿌린다. 치아바타나 피타빵(p.32 참조)을 함
   께 먹어도 좋다.

팬에 구운 통마늘
Roasted Garlic

30min

마늘을 구워내면 차림새도 멋스럽고 맵지 않아 먹기에 부담스럽지 않다.
주로 고기에 곁들이로 내지만 단독 메뉴로도 좋으며, 한꺼번에 구워놓고
요리 재료로 써도 좋다. 파스타, 샐러드, 생선 요리에 두루 곁들이고,
으깨서 스프레드로 만들기도 한다.

Ready(4인분)

통마늘 8개, 올리브 오일 4큰술, 타임 3~4줄기, 말린 로즈메리·소금·통후추 약간씩

Cooking

1 통마늘은 껍질을 보기 좋게 정리하고 씻어서 물기를 닦는다.

2 무쇠 팬을 달궈놓는다. 통마늘은 위아래를 조금 자르는데 마늘이 크면 반으로 자르고, 작으면 윗부분만 자른다.

3 팬을 중간 불로 낮추고 통마늘을 올린 후 마늘 위로 올리브 오일을 골고루 뿌린다.

4 마늘에 소금, 통후추 간 것, 말린 로즈메리를 뿌리고, 타임 줄기를 올린 후 종이 포일을 살짝 덮는다.

5 마늘 굽는 냄새가 나면 뒤집어서 약한 불로 노릇하게 구워낸다.

새우 단호박 샐러드
Sweet Pumpkin Salad

25min

우리는 단호박을 죽이나 찜으로 즐겨 먹는데 유럽에서는 수프, 그라탱, 샐러드로
즐긴다. 단호박을 구워 대하를 곁들이면 푸짐하고 맛도 잘 어울린다.

Ready

단호박 1/2통, 대하 4마리, 블랙 올리브 7~8개, 페타 치즈 2큰술, 올리브 오일 1큰술,
SH드레싱 2큰술, 셀러리잎(또는 파슬리)·통후추 약간씩

Cooking

1 단호박은 속을 파내고 껍질째 초승달 모양이 되게 8등분한다.

2 대하는 수염을 다듬고 껍데기째 깨끗이 씻는다.

3 올리브는 다지고, 셀러리잎은 채 썬다.

4 팬을 달군 후 중간 불로 낮추고 올리브 오일을 둘러 단호박을 앞뒤로 노
   릇하게 굽되 중간에 한 번만 뒤집는다. 가운데 부분을 살짝 찔러보아 잘
   들어가면 뒤집는다.

5 손질한 대하를 달군 팬에 올려 중간 불로 노릇하게 굽는다.

6 접시에 단호박을 담고, 구운 새우를 올린다.

7 페타 치즈를 숟가락으로 툭툭 잘라서 ⑥에 솔솔 뿌린 후 올리브와 셀러
   리잎을 올리고, 통후추를 갈아서 뿌린다.

8 드레싱은 따로 곁들인다.

Hint 새우를 껍질째 구울 때 등 쪽에 가위집을 내면 껍데기를 까먹기 편하다.

Hint 토핑은 색상을 살리기 위한 것으로 실고추 대신 홍고추를 채 썰어
올리거나 파프리카 파우더를 뿌려도 된다.

닭 안심 두릅 샐러드

Chicken with Fatsia

◁ 25min ▷

두릅은 쌉쌀한 맛이 입맛을 돋운다. 주로 한식으로 먹는데
세팅 방법에 따라 서양 요리 느낌을 낼 수 있다. 두릅은 고기와 잘 어울려
쇠고기나 닭고기와 함께 내면 좋다.

Ready

닭 안심 4~6조각, 참두릅 12개(작은 것), 올리브 오일 2큰술, SH드레싱 2큰술,
파르메산 치즈·실고추·소금·통후추 약간씩
고기 양념(올리브 오일 2작은술, 소금·통후추 약간씩)

Cooking

1 닭 안심은 가운데 칼집을 넣어 갈라 편 후 고기 양념 재료를 뿌려 재운다.

2 두릅은 비슷한 크기로 정리해 씻어 물기가 있는 채로 냄비에 담는다. 소
   금을 살짝 뿌려 1분 정도 두어 김이 나면 불을 끄고 꺼내 식힌다.

3 팬을 달군 후 중간 불로 낮추고 닭 안심을 올린다. 올리브 오일을 두르고
   뒤집개로 살살 눌러가며 납작하게 굽는다.

4 접시에 닭 안심을 올리고, 고기 위에 두릅을 가지런히 올린다.

5 두릅 위에 드레싱을 조금씩 뿌리고 파르메산 치즈를 필러로 길게 잘라
   올린다. 실고추와 통후추 간 것으로 마무리한다.

새우 다시마 샐러드

Shrimp Kelp Salad

25min

다시마를 좋아해서 생다시마도 즐겨 먹고,
다시마 물을 우려낸 뒤 남은 다시마를 채 썰어 밥에 넣어 먹곤 한다.
우연히 백화점에서 곱게 채 썰어 말린 다시마를 발견하고 만들어본 샐러드다.
해초인 다시마는 새우 등 해산물과 잘 어울린다.

Ready

다시마 채 한 줌(말린 것), 새우 4마리, 그린 올리브 10~15개, 올리브 오일 2작은술,
비네그레트드레싱 2큰술, 리코타 치즈 1큰술, 레몬즙·딜 가루·소금·통후추 약간씩

Cooking

1 끓는 물에 다시마 채를 넣고 데쳐 초록색으로 변하면 바로 건져서 체
에 밭친다.

2 새우는 머리와 껍데기를 제거하고 꼬리만 남긴 후 씻어서 종이 타월에
올려 물기를 닦는다.

3 달군 팬을 중간 불로 낮춘 후 ②의 새우를 올리고 올리브 오일을 둘러 굽
는다. 마지막에 소금, 통후추 간 것을 살짝 뿌린다.

4 접시에 다시마를 펼쳐 담고 드레싱을 골고루 뿌린다.

5 새우와 그린 올리브를 예쁘게 담고, 리코타 치즈를 솔솔 뿌린다.

6 딜 가루와 통후추 간 것을 뿌리고 먹기 전에 레몬즙을 살짝 두른다.

Hint 다시마를 데칠 때 색이 초록색으로 변하면 재빨리 건져낸다.

Hint 치커리가 숨이 죽었을 경우, 찬물에 담가 냉장고에 몇 시간 두면 싱싱하게 살아난다.

치커리 굴 샐러드

Chicory Oyster Salad

15min

레스토랑을 하면서 굴과 여러 가지 채소를 매치해보았는데 쌉싸래한 치커리가
어울림이 좋았다. 프랑스 사람들은 생굴에 주로 레몬즙을 뿌려 즐기는데,
레몬즙을 뿌리면 초고추장보다 굴 특유의 향과 맛을 더욱 진하게 즐길 수 있다.

Ready

생굴 200g, 치커리 200g(1팩), 레몬 1개, 올리브 오일 1큰술, SH드레싱 1큰술,
딜 가루·핑크 페퍼 약간씩

Cooking

1 굴은 소금물에 흔들어 씻어 체에 밭친다.

2 치커리는 씻어서 물기를 뺀 후 3~4등분한다. 레몬은 소금으로 문질러 씻
   는다.

3 그릇에 치커리를 담고 가운데 굴을 소담하게 올린 후 올리브 오일을 굴
   위에 뿌린다.

4 치커리에 드레싱을 두르고, 굴 위에 딜 가루와 핑크 페퍼를 뿌린다.

5 레몬은 웨지 모양으로 잘라 한 조각은 샐러드에 곁들이고 나머지는 먹기
   직전에 굴 위에 즙을 짜서 뿌린다.

Hint　청양고추를 넣어도 칼칼한 샐러드가 되어 색다른 맛을 즐길 수 있다.
콜라비잎은 냉장고에 두었다가 다른 샐러드를 만들 때 재료로 활용한다.

사과 콜라비 샐러드

Apple Kohlrabi Salad

25min

콜라비는 순무와 양배추의 맛이 동시에 나면서 단맛도 있고
비타민 C, 식이성섬유도 풍부하다. 프랑스에 재료를 채 썰어 만든 음식이 드문데,
콜라비는 사과나 배와 함께 채 썰어 먹는 일이 많다.

Ready

콜라비 1개(중간 크기), 사과 1/2개, 레몬 1개, SH드레싱 4큰술, 다진 파슬리 2큰술,
통후추 약간

Cooking

1 콜라비는 잎을 떼고 껍질째 씻어 가늘게 채 썬다. 채칼을 사용해도 된다.

2 사과도 껍질째 씻어 콜라비와 비슷한 두께로 채 썬다. 레몬은 소금으로
    문질러 닦는다.

3 볼에 콜라비와 사과를 담고 드레싱과 다진 파슬리 1큰술을 넣어 숟가락
    2개로 골고루 섞는다. 신맛을 좋아하면 발사믹 식초를 조금 넣어도 좋다.

4 ③을 접시에 담고 레몬을 반으로 잘라 즙을 내 뿌린다. 레몬 껍질로 제스
    트를 만들어 올리고, 남은 파슬리와 통후추 간 것으로 마무리한다.

Hint 팽이버섯은 쉽게 물러지므로 넣지 않는 게 좋다. 버섯에 열기가 남아 있을 때 드레싱을 섞으면
산미가 날아가니 식혀서 넣거나 와인 식초(또는 사과 식초)를 조금 더 넣는다.

쑥갓을 곁들인 버섯 샐러드
Mushroom with Crown Daisy Salad

35min

프랑스 친구가 "선혜, 너는 버섯을 굉장히 좋아하나 봐. 네 요리 어디든
버섯이 들어 있어"라고 말했을 정도로 파리 유학 시절 버섯에 반해 있었다.
버섯과 각종 채소를 곁들여 먹다 보니 쑥갓의 향과 당근의 달콤함이
버섯과 잘 어울린다는 것을 발견했다.

Ready

새송이·표고버섯 4개씩, 양송이버섯 6~8개, 느타리·백만송이버섯 한 줌씩,
당근 1/2개, 쑥갓 한 줌, 호두 2큰술, SH드레싱 4~5큰술, 올리브 오일 적당량,
빵가루·통후추 약간씩

Cooking

1 새송이, 표고, 양송이는 젖은 종이 타월로 닦은 후 기둥 끝을 살짝 잘라
   낸다. 느타리, 백만송이 버섯은 밑동을 자르고 나서 젖은 종이 타월로
   닦는다.

2 당근은 껍질을 벗겨 필러로 얇게 저미고, 쑥갓은 씻어서 체에 밭친다.

3 달군 팬에 기름 없이 호두를 구워내고, 빵가루도 살짝 구워낸다.

4 팬을 중간 불로 낮추고 올리브 오일을 둘러 버섯을 종류별로 각각 굽는
   다. 이때 볶음 할 때처럼 뒤적이지 말고 가만히 두었다가 노릇하게 구워
   지면 한 번만 뒤집어 굽는다.

5 버섯을 꺼낸 후 당근을 넣고 살짝 굽는다.

6 볼에 구운 버섯들을 담아 식힌 후 드레싱과 당근의 반을 넣고 숟가락으
   로 골고루 섞는다.

7 접시에 쑥갓을 한쪽으로 소담하게 담고 버섯을 놓은 후 호두와 빵가루
   를 뿌린다.

8 나머지 당근과 다진 파슬리를 올리고 통후추를 갈아 뿌린다.

오렌지 적양배추 샐러드
Orange and Red Cabbage Salad

15min

적양배추는 아삭하고 쌉싸래한 맛이 나서 오렌지와 잘 어울린다.
터키의 샐러드로, 터키에서 즐겨 먹는 석류즙이나
석류청을 드레싱에 섞어도 새콤달콤 맛있다.

Ready

적양배추(또는 라디키오) 1/2개, 오렌지 1개, 블루베리·피스타치오 1큰술씩, 페타 치즈 2큰술, 비네그레트드레싱 2큰술, 발사믹 식초 1큰술, 파슬리 가루(또는 민트 가루)·통후추 약간씩

Cooking

1 적양배추를 4등분해 가운데 심을 잘라내고 씻는다. 체에 받쳐 물기를 뺀 후 2~3cm 너비로 썬다. 썰지 않고 손으로 둥글둥글하게 잘라도 좋다.

2 오렌지는 과일 칼로 속 껍질까지 돌려 깎은 후 0.5cm 두께로 슬라이스한다. 블루베리는 씻어 체에 받친다.

3 피스타치오는 달군 팬에 기름 없이 굽는다.

4 접시에 바깥 부분부터 돌려가면서 적양배추를 담는다. 넓은 잎부터 놓으면 모양 잡기가 좋다.

5 접시 가운데에 오렌지를 소담하게 담고 옆에 블루베리를 놓는다.

6 페타 치즈를 숟가락으로 살살 부숴 자연스럽게 뿌리고, 피스타치오도 보기 좋게 올린다.

7 드레싱을 두르고 발사믹 식초, 파슬리 가루를 올린 후 통후추를 갈아 뿌린다.

지중해식 석류 샐러드
Pomegranate Salad

15min

터키 여행 중 매일 만나는 재료가 석류였다. 어느 시골 레스토랑에서 먹은
루콜라와 민트잎을 듬뿍 담고 위에 석류알을 가득 올린 샐러드가 인상적이었다.
쌉싸래한 그린 채소와 새콤달콤한 석류알, 짭짤한 페타 치즈의 조화가 환상이다.

Ready

석류알 1컵, 잎채소 2컵(민들레잎, 루콜라, 민트잎 등), 페타 치즈 80g, 발사믹 식초
2큰술, 민트 가루 1/2작은술, 통후추 약간

Cooking

1 석류는 꼭지 부분을 잘라내고 흰 막을 따라 5등분으로 칼집을 낸 후 갈
   라 알만 턴다.

2 잎채소는 씻어서 체에 밭친 후 먹기 좋은 크기로 썬다.

3 페타 치즈는 1cm 두께의 납작한 네모 모양으로 자른다.

4 접시에 잎채소를 담고 석류알을 다소곳이 올린다.

5 페타 치즈를 올리고 민트 가루를 뿌린다. 통후추를 갈아 치즈 위에 뿌린
   후 먹기 전에 발사믹 식초를 두른다.

올리브를 곁들인 카프레세

Caprese Salad

15min

프레시 모차렐라 치즈와 토마토가 들어간 샐러드는 드레싱 없이 올리브 오일과 발사믹 식초만 뿌려 내도 된다. 토마토와 모차렐라 치즈가 겹치지 않고 동그란 모양이 드러나도록 담고, 가운데에 올리브를 놓으면 어울림이 좋다. 카프레세는 올리브 오일이 중요한데, 엑스트라 버진 중 풀 향기가 풍부한 종류가 잘 어울린다.

Ready

토마토 2개(중간 크기), 프레시 모차렐라 치즈 125g, 블랙 올리브 15개, 엑스트라 버진 올리브 오일 2큰술, 발사믹 식초 1큰술, 바질잎 5~6장, 바질 가루·통후추 약간씩

Cooking

1 토마토는 씻어서 꼭지를 따고 0.5~0.7cm 두께로 슬라이스한다.

2 모차렐라 치즈는 토마토보다 조금 도톰하게 슬라이스한다. 그러면 접시에 담았을 때 먹음직스럽다.

3 접시에 토마토와 모차렐라 치즈를 번갈아 둘러 담고, 모차렐라 치즈 위에 바질잎을 한 장씩 올린다.

4 가운데에 블랙 올리브를 모아 담는다.

5 먹기 직전에 올리브 오일과 발사믹 식초를 숟가락에 담아 두르고, 모차렐라 치즈 위에 통후추를 갈아 올린 후 바질 가루를 살짝 뿌려 낸다.

Hint 드레싱은 올리브 오일→발사믹 식초 순으로 뿌리고, 올리브 오일과 발사믹 식초가 겹쳐지게 하면 기름이 액체를 잡아주어 담음새가 깔끔하다.

요구르트 드레싱 구운 옥수수
Grilled Corn

15min

여름에 옥수수가 한창 나올 때 바비큐로 굽거나 팬에 구워 그릭 요구르트나
치즈를 곁들이면 흔한 옥수수를 색다르게 먹을 수 있다. 옥수수의 단맛과 치즈의
고소하고 짠맛, 요구르트의 새콤한 맛을 함께 즐길 수 있는 간단한 요리.

Ready(4인분)
찐 옥수수 4개, 페타 치즈·파르메산 치즈·그릭 요구르트 1큰술씩, 다진 파슬리·
민트 가루·핑크 페퍼·통후추 약간씩

Cooking
1 달군 팬에 찐 옥수수를 넣고 중간 불에서 돌려가며 노릇하게 굽는다.
2 옥수수를 접시에 담고, 파르메산 치즈 간 것, 그릭 요구르트, 페타 치즈
   부순 것을 옥수수 위에 각각 올린다. 다진 파슬리, 민트 가루, 핑크 페퍼
   를 뿌리고, 통후추를 갈아 뿌려 마무리한다.

옥수수알 샐러드

Corn Salad

15min

옥수수가 제철일 때 쪄서 알을 털어 냉동해두면 밥에도 넣어 먹기도 좋고
샐러드로 만들기도 간편하다. 이 샐러드에는 캔 옥수수를 써도 좋다.

Ready

찐 옥수수 1개, 초록잎 채소 한 줌, 방울토마토 2~3개, 블랙 올리브 2~3개, 그릭
요구르트 2큰술, 비네그레트드레싱 1큰술, 올리브 오일·파슬리 가루·통후추 약간씩

Cooking

1 잎채소는 씻어서 물기를 뺀 후 먹기 좋은 크기로 자르고, 방울토마토는
   달군 팬에 올리브 오일을 살짝 두르고 중간 불로 굽는다.

2 찐 옥수수를 칼로 훑어 알만 분리내 볼에 담고, ①의 채소와 방울토마토
   를 곁들인다.

3 군데군데 올리브를 놓고 그릭 요구르트를 올린 후 파슬리 가루와 통후
   추 간 것을 뿌린다. 먹기 직전에 드레싱을 넣어 섞는다.

라이스 누들 샐러드
Rice Noodle Salad

25min

프랑스에서 바비큐 파티에 빠지지 않는 메뉴가 라이스 누들 샐러드다.
채소와 고기를 굽는 자리에는 빵보다 면과 밥이 자주 등장하는데,
샐러드 메뉴로 즐겨 낸다.

Ready(4인분)

쌀국수 면 400g(납작한 것), 강황 가루 1작은술, 올리브 오일 2큰술, 양파 1/2개,
옥수수 알 4큰술, 방울토마토 4~8개, 그린 올리브 4큰술, SH드레싱 4큰술,
딜·민트잎·파슬리 가루·통후추 약간씩

Cooking

1 쌀국수는 끓는 물에 강황 가루 1작은술을 넣고 제품에 표기한 시간대로
   삶는다. 찬물에 여러 번 헹궈 체에 밭친 후 올리브 오일 2큰술을 넣고 살
   살 비빈다.

2 양파는 옥수수 알 크기로 작게 깍둑썰기한다.

3 달군 팬에 올리브 오일을 살짝 두르고 방울토마토를 중간 불로 굽는다.

4 ①의 쌀국수 면에 양파와 옥수수 알을 전체 양의 반씩 넣고 드레싱을 넣
   은 후 숟가락으로 살살 섞어 접시에 담는다.

5 방울토마토와 그린 올리브, 나머지 양파와 옥수수 알을 올리고, 딜과 민
   트잎도 골고루 뿌린다.

6 파슬리 가루를 올리고 통후추를 갈아 뿌린다.

Hint 쌀국수는 물에 잘 헹궈야 서로 붙지 않고 식감도 좋다.

멜론 프로슈토 샐러드

Melon Prosciutto Salad

15min

프랑스에는 속이 오렌지색인 멜론을 프로슈토와 먹는 클래식한
애피타이저 메뉴가 있다. 요즘은 모차렐라 치즈, 발사믹 식초를 곁들여
건강식으로 즐기는 추세다.

Ready(4인분)

멜론 1개, 프로슈토 4장, 모차렐라 펄 치즈 1컵, 타임 2줄기, 발사믹 식초 1큰술,
통후추 약간

Cooking

1 멜론은 반으로 잘라 씨를 제거하고 멜론 스쿠프로 과육만 동그랗게 떠
   낸다.

2 프로슈토는 2×4cm 크기로 자른다.

3 그릇에 멜론과 모차렐라 펄 치즈, 프로슈토를 담고 타임을 올린다.

4 통후추를 갈아서 뿌리고 먹기 전에 발사믹 식초를 둘러 낸다.

라이스 샐러드

Rice Salad

15min

라이스 샐러드는 라이스 누들 샐러드와 더불어 프랑스의 바비큐 파티 단골 메뉴다.
다양한 채소와 찰기 없는 재스민 라이스를 섞는데 우리 쌀로는 살짝 된밥을 짓거나
현미로 밥을 짓는다. 구운 양파, 갈릭 파우더 정도만 넣어야 깔끔하다.

Ready

현미 1컵, 흑미 약간, 레몬 1개, 셀러리잎 1큰술, 적양파 1개, SH드레싱 2큰술, 강황
가루 1작은술, 올리브 오일 2큰술, 소금 1작은술, 갈릭 파우더 2작은술, 파슬리
가루·통후추 약간씩

Cooking

1 쌀을 씻어 강황 가루 1/2작은술, 올리브 오일 1큰술, 소금 1작은술을 넣고
물을 조금 적게 잡아 고슬하게 밥을 짓는다.

2 밥이 다 되면 볼에 옮겨 올리브 오일 1큰술을 넣어가며 주걱으로 섞어 김
을 뺀 뒤 식힌다.

3 레몬은 소금으로 문질러 닦아 반으로 자른 후 반만 얇게 슬라이스한다.

4 적양파는 얇게 썰어 달군 팬에 올리브 오일을 1큰술 두르고 중간 불로 노
릇하게 굽는다.

5 ②의 식힌 밥에 드레싱과 구운 적양파의 반을 넣고 잘 섞는다.

6 ⑤를 오목한 접시에 담고 ③의 레몬 반 분량을 즙을 내 뿌린 후 나머지
구운 적양파와 레몬 슬라이스, 셀러리잎을 올린다.

7 갈릭 파우더, 파슬리 가루, 통후추 간 것을 뿌린다.

푹 익힌 대파 샐러드
Spring Onion Salad

20min

대파구이를 즐겨 먹다가 변화를 주려고 뿌리째 구웠더니 독특한 모양새가
보는 즐거움을 안겨줬다. 요즘 유행하는 와일드 푸드 느낌이다. 대파는 푹 구워야
수분이 생겨 부드럽고 달다.

Ready

대파 2개(굵은 것), 달걀 2개, 베이컨 2장, 올리브 오일 2큰술, SH드레싱 2큰술,
페타 치즈 2큰술, 다진 파슬리·통후추 약간씩

Cooking

1 대파는 뿌리 부분을 짧게 다듬어 깨끗이 씻는다.

2 달걀은 실온에 꺼내두었다가 끓는 물에 넣어 반숙(7~8분)으로 삶은 후
   세로로 6~8등분한다.

3 대파는 뿌리 부분에서 칼집을 넣어 반으로 가른다.

4 달걀을 삶는 동안 팬을 달군 후 중간 불로 낮춰 손질한 대파를 물기가 남
   은 채로 올린다. 올리브 오일을 두르고 굽다가 노릇해지면 한 번 뒤집어
   푹 익힌다. 접시에 대파를 조심스럽게 옮겨 담는다.

5 달군 팬에 베이컨을 구워 0.5~1cm 폭으로 썬다.

6 대파의 잎 부분을 보기 좋게 편 후 드레싱을 숟가락에 담아 살살 뿌린다.

7 베이컨, 달걀, 페타 치즈를 가운데 부분에 올린다.

8 다진 파슬리를 올리고 통후추를 갈아 뿌린다.

Hint 대파 뿌리를 물에 1시간 정도 담가두면 흙과 잔여물이 쉽게 제거된다.

그린 샐러드 치즈 플레이트
Cheese Plate with Green Salad

———————⟨ 20min ⟩———————

치즈 플레이트는 손님 초대할 때 시간과 노력을 별로 안 들이고
멋진 상차림을 연출하는 데 유용하다. 우리에게 치즈는 와인 안주로 익숙한데
프랑스 어머니들은 저녁을 준비하면서 큼직한 샐러드 볼에 드레싱을 만들어두고
식사 후 샐러드 채소와 잘 섞어 치즈와 함께 내놓는다. 와인을 곁들인 긴긴 수다 후
달콤한 디저트로 피로를 달래는 게 그들의 만찬 마무리 코스.

Ready(4인분)
버터 헤드 레터스 1포기, SH드레싱 4큰술, 다진 파슬리 1큰술, 통후추 약간,
각종 치즈 적당량(카망베르 치즈, 에멘탈 치즈, 블루 치즈, 고다 치즈, 파르메산
치즈 등), 각종 견과류 적당량(호두, 아몬드, 피스타치오 등), 말린 과일 적당량,
치아바타 적당량

Cooking
1 버터 헤드 레터스는 씻어서 물기를 뺀다. 로메인 레터스, 양상추 등 다른
   재료를 응용해도 된다.
2 샐러드 볼에 드레싱을 만들어놓고 먹기 직전에 버터 헤드 레터스를 넣
   어 숟가락 2개로 골고루 섞은 후 다진 파슬리와 통후추 간 것을 뿌린다.
3 치즈 보드나 큰 접시에 준비한 치즈들을 보기 좋게 올리고 견과류와 말
   린 과일은 작은 볼에 담거나 치즈 사이에 놓는다.
4 치아바타를 곁들여 낸다.

Hint 치즈 종류가 4가지 이상이면 둥근 접시나 도마에 둘러 담고 사이사이에 너트나 말린 과일을
        놓는다. 치즈가 2~3가지일 경우 긴 접시에 나란히 담으면 보기 좋다.

센터피스 같은 가든 플라워 샐러드
Garden Flower Salad

(15min)

요즘은 식용 꽃을 구하기 쉬워졌다. 꽃 한두 송이만 올려도 로맨틱하고 감동적인
식탁이 된다. 이때 컬러 톤을 한두 가지로 맞추면 세련돼 보이고, 여러 가지 컬러를
어울리게 담으면 화사해 보인다. 어떻게 차려도 행복감을 주는 샐러드.
리코타 치즈를 오아시스처럼 활용해도 재밌다.

Ready
식용 꽃 10~12송이, 어린잎 채소 100g(와일드 루콜라, 민들레 등), 각종 허브 약간
(민트, 딜, 코리앤더 등), 비네그레트드레싱 4큰술, 리코타 치즈 150g, 통후추 약간

Cooking
1 식용 꽃, 어린잎 채소, 허브는 살살 씻어 체에 밭친다.
2 접시에 먼저 어린잎 채소와 허브를 담고, 사이사이에 꽃을 올린다.
3 리코타 치즈를 덩어리째 놓고 꽃잎을 뜯어 장식한 후 통후추를 갈아 뿌
  린다.
4 드레싱은 조금씩 뿌려 먹을 수 있도록 따로 준비한다.

고기와 생선으로,
메인이 되는 샐러드

salad

꽁치 파프리카 샐러드
Mackerel Pikes Salad

25min

꽁치는 냉동 보관보다 안초비 담그듯 오일에 담가 냉장 보관하면 더 맛있다.
꽁치 철에 넉넉히 사서 올리브 오일에 구운 다음 올리브 오일로 병조림해두면
4~5개월 두고 먹을 수 있다. 샐러드와 김치찌개, 구이 등에 두루 쓰인다.

Ready(4인분)
꽁치 4마리, 빨간 파프리카(또는 홍피망) 4개, 블랙 올리브 8개, 라임(또는 레몬)
2개, 올리브 오일 2큰술, 타임 2~3줄기, 페페론치노 4~6개, 페타 치즈 2큰술,
발사믹 식초 4큰술, SH드레싱 2큰술, 다진 파슬리·통후추 약간씩
꽁치 양념(올리브 오일 1큰술, 소금·통후추 약간씩)

Cooking
1 꽁치는 내장과 머리를 제거해 찬물에 헹군 후 종이 타월로 눌러 물기를
  닦고 꽁치 양념 재료로 밑간한다.

2 파프리카는 씻어서 반으로 갈라 꼭지는 그대로 두고 씨를 제거한다.

3 올리브는 씨를 빼고 다진다. 라임은 소금으로 문질러 씻어 반달 모양으로
  자른다.

4 달군 팬에 올리브 오일을 두르고 홍피망을 올려 중간 불에서 앞뒤로 구
  운 뒤 꺼낸다.

5 ④의 팬에 꽁치를 올려 중간 불로 노릇하게 구운 후 타임 줄기와 페페론
  치노를 올려 남은 올리브 오일에 묻히며 잔열로 향을 낸다.

6 홍피망 위에 올리브와 페타 치즈를 올리고 다진 파슬리와 통후추 간 것
  을 뿌린다.

7 꽁치를 접시에 담고 ⑤의 타임 줄기와 페페론치노, 라임을 올린 뒤 통후
  추를 갈아 뿌린다.

8 각자 뿌려 먹을 수 있도록 발사믹 식초와 드레싱은 따로 곁들여 낸다.

Hint 캔 꽁치를 쓴다면 체에 밭쳐 찬물로 헹군 후 사용한다.

구운 토마토 비프 샐러드

Sirloin Steak with Tomatoes

40min

유학 시절 쿠웨이트 친구 집에 가서 올리브 오일에 구운 토마토를 처음 먹어봤다. 느끼하면서 촉촉하고 달착지근한 낯선 맛, 어느새 그 맛에 익숙해져 고기를 먹을 때면 구운 토마토를 곁들이곤 한다. 구운 토마토와 쇠고기의 어울림은 언제나 만족스럽다.

Ready(4인분)
토마토 4~5개, 방울토마토 10개, 쇠고기 등심 400g(두께 3cm), 올리브 오일 4큰술, 발사믹 식초 2큰술, 페타 치즈 80g, 홀그레인 머스터드 1큰술, 타임 가루 1작은술, 로즈메리 가루 2작은술, 통후추 약간
고기 양념(올리브 오일 2큰술, 로즈메리 가루 1작은술, 소금 1작은술, 통후추 약간)

Cooking

1 등심은 30분 정도 실온에 꺼내두었다가 양념 재료에 재운다.

2 달군 팬에 올리브 오일 2큰술을 두르고 ①의 등심을 넣어 센 불로 앞뒤를 재빨리 바싹 구운 후 중간 불로 낮추고 숟가락으로 오일을 뿌리며 돌려가면서 굽는다. 고기 굽는 냄새가 나면 꺼내서 래스팅한다.

3 토마토와 방울토마토는 씻어서 물기를 닦는다. 꼭지째 구워도 멋스러우니 꼭지를 남겨둬도 좋다. 큰 토마토는 가로로 자른다.

4 달군 팬에 올리브 오일 2큰술을 두르고 중간 불에서 앞뒤로 돌려가며 굽는다. 토마토 굽는 냄새가 나면 70~80% 익은 것.

5 접시에 구운 토마토를 담고 팬에 남은 오일을 토마토 위에 살살 끼얹은 후 발사믹 식초를 두른다. 타임 가루를 올리고 통후추를 갈아 뿌린다.

6 ②의 등심을 2cm 두께로 잘라 접시에 놓고 로즈메리 가루를 올린 뒤 통후추를 갈아 뿌린다. 페타 치즈를 납작하게 잘라 토마토 옆에 놓고, 홀그레인 머스터드를 곁들여 낸다.

Hint 쇠고기는 겉은 바삭하고 속은 부드럽게 구워야 맛있다. 고기 굽는 냄새가 날 때 꺼내 잔열로 익히면 미디엄 굽기가 된다.

연어 펜넬 샐러드

Salmon with Fennel

25min

펜넬은 특유의 향이 육류와 생선의 잡내를 잡아주어 '고기의 허브'라고 불린다.
지중해 지역에서는 펜넬을 생선, 육류와 함께 구워 곁들여 먹곤 한다.

Ready

펜넬 1개, 연어 2조각, 올리브 오일 1큰술, 블랙 올리브 8~10개, 페타 치즈 1큰술,
케이퍼·딜 가루·핑크 페퍼·소금·통후추 약간씩

Cooking

1 펜넬은 씻어서 몸통 부분을 0.5cm 두께의 세로 방향으로 슬라이스한다.

2 연어에 올리브 오일, 소금, 통후추 간 것을 약간씩 뿌려둔다.

3 팬을 달군 후 중간 불로 낮추고 ①의 펜넬을 올린다. 올리브 오일 1/2큰술
을 둘러 앞뒤로 노릇하게 구운 후 꺼낸다.

4 ③의 팬에 연어를 올려 나머지 올리브 오일 1/2큰술을 두르고 앞뒤로 노
릇하게 구워 꺼낸다.

5 접시에 펜넬을 보기 좋게 펼쳐 담고, 가운데에 연어를 소담하게 올린 후
올리브와 페타 치즈를 골고루 올린다.

6 케이퍼를 곁들이고 딜 가루, 핑크 페퍼를 뿌린 뒤 통후추를 갈아 올려 마
무리한다.

Hint 펜넬잎은 딜과 비슷하므로 딜 대신 활용해도 좋다.

Hint 양파, 고기 순으로 구워야 양파 모양새가 깔끔하다.
무쇠 팬에 구워 그대로 담아내면 쉽게 식지 않아 좋다.

돼지 안심 양파구이

Roasted Pork and Onions

45min

양파는 구우면 단맛이 올라와서 고기와 먹기 좋고, 써는 방법에 따라 근사한
음식으로 변신할 수 있다. 목살이나 삼겹살보다 담백한 안심에 단맛 나게 구운
양파와 베네치아의 어느 레스토랑에서 맛본 새콤달콤한 소스를 매치했다.

Ready(4인분)

돼지 안심 500g(덩어리), 양파 4개(중간 크기), 올리브 오일 4큰술, 블랙 올리브
10개, 타임 3~4줄기, 홀그레인 머스터드 2큰술, 타임 가루·소금·통후추 약간씩
고기 양념(소금 1작은술, 올리브 오일 1큰술, 타임 가루 1/2작은술, 통후추 약간)
그린 살사 소스(그린 올리브 스프레드 2작은술, 적양파 1/4개, 다진 마늘 1쪽분,
올리브 오일 2큰술, 발사믹 식초 2큰술, 다진 파슬리 1큰술)

Cooking

1 안심은 반으로 잘라 칼끝으로 군데군데 찌른 후 고기 양념으로 밑간해
   냉장고에 하룻밤 둔다. 요리하기 1시간 전쯤 실온에 꺼내둔다.

2 적양파를 잘게 다진 후 나머지 그린 살사 소스 재료를 섞어 소스를 만든다.

3 양파는 1.5cm 두께의 두툼한 링 모양으로 썬다.

4 달군 팬에 ③의 양파를 올리고 올리브 오일을 두른 후 중간 불에서 앞뒤
   로 노릇하게 굽는다. 이때 한 번만 뒤집어야 모양도 식감도 좋다.

5 양파를 꺼낸 팬에 ①의 고기를 올려 센 불로 겉면을 돌려가며 코팅하듯
   구운 후 중간 불에서 20분 정도 앞뒤로 구워 식힌다.

6 팬의 잔열을 이용해 타임 줄기를 향이 나도록 살짝 굽는다.

7 무쇠 팬 또는 접시에 구운 양파를 담고 타임 가루와 소금, 통후추 간 것
   을 살짝 뿌린다.

8 고기는 2cm 정도 두께로 잘라서 올리고 그린 살사 소스를 얹는다. 올리
   브를 올리고 통후추를 갈아서 뿌려 마무리한다.

9 홀그레인 머스터드를 곁들여 낸다.

아티초크 생선 샐러드

Fish with Artichoke

25min

시장에서든 마트에서든 싱싱한 생선을 보면 우선 사고 본다.
아마 생선을 좋아해서 지중해 요리를 좋아하는 것 같기도 하다. 생선만 구우면
한식 반찬 느낌인데, 채소를 함께 구워 내면 메인 메뉴 분위기가 난다.
황돔뿐 아니라 도미, 가자미 등 다양한 생선을 쓸 수 있다.

Ready

황돔 1마리(중간 크기), 아티초크 200g(병조림 또는 캔), 선드라이드 토마토 1큰술,
레몬 1/2개, 그린 올리브 5~6개, SH드레싱 1큰술, 그린 올리브 스프레드 2큰술,
딜 가루 1작은술, 올리브 오일·통후추 약간씩
생선 양념(올리브 오일 1큰술, 소금·통후추 약간씩)

Cooking

1 황돔은 잘 씻어서 3장 포뜨기한 후 생선 양념 재료로 밑간한다.

2 아티초크는 흐르는 물에 헹궈 종이 타월로 눌러가며 물기를 닦는다. 선
  드라이드 토마토는 굵게 다지고, 레몬은 소금으로 문질러 씻는다.

3 달군 팬에 기름 없이 아티초크를 올려 노릇하게 구워 꺼낸다.

4 ③의 팬에 올리브 오일을 약간 두르고 황돔을 올려 중간 불로 노릇하게
  앞뒤로 굽는다. 잘 구워졌을 때 한 번만 뒤집어야 모양도 맛도 좋다. 생선
  굽는 냄새가 나면 뒤집는다.

5 접시에 생선을 올리고 아티초크를 담은 후 레몬 껍질로 제스트를 만들
  어 생선 위에 솔솔 뿌린다.

6 다져둔 선드라이드 토마토와 딜 가루를 올리고 통후추를 갈아 뿌린다.

7 SH드레싱과 그린 올리브 스프레드를 잘 섞어 볼에 담고 올리브를 올려
  곁들인다.

아보카도 삼치 샐러드
Fish with Avocado

25min

삼치는 비리지 않고 담백해서 평소 즐겨 먹는다. 아보카도, 각종 채소구이,
파스타 등에 곁들여도 어울림이 좋다. 싱싱한 삼치를 올리브 오일에 재워
냉장 보관하고 일주일 정도 두고 먹곤 한다. 재워둔 삼치는 냉장고에서
바로 꺼내 구워야 신선하고 맛도 좋다.

Ready

삼치 2마리(작은 것), 아보카도 2개, 라임 1개, 올리브 오일 2큰술,
비네그레트드레싱 2큰술, 케이퍼 1큰술, 강황 가루·타임 가루·파프리카
가루·소금·통후추 약간씩

Cooking

1 삼치를 3장 포뜨기한 후 반으로 잘라서 올리브 오일을 약간 두르고 강황
   가루, 소금, 통후추 간 것을 조금씩 넣어 밑간한다.

2 아보카도는 잘 익은 것을 골라 껍질을 반으로 잘라 칼끝으로 씨를 찍어
   꺼낸 후 숟가락으로 껍질과 과육을 분리한다. 0.5cm 정도 두께가 되도록
   세로로 슬라이스한다.

3 라임은 소금으로 문질러 씻은 후 슬라이스해 2등분한다.

4 달군 팬에 삼치를 올려 올리브 오일 2큰술을 두르고 중간 불로 노릇하게
   구워낸다.

5 접시에 삼치와 아보카도를 번갈아가며 올린 후 타임 가루, 파프리카 가
   루, 통후추 간 것을 약간씩 뿌린다.

6 케이퍼와 라임을 곁들이고, 드레싱은 따로 내 먹기 전에 뿌린다.

Hint 파프리카 가루는 일자로 뿌리면 깔끔하다. 삼치 간이 세지 않고 아보카도는
   간이 없으므로 드레싱을 듬뿍 올려 먹는다.

Dijon Mustard

Thym

방울양배추 통삼겹살구이
Pork with Brussels Sprouts

30min

방울양배추는 보통 찌거나 삶아서 요리하는데 올리브 오일에 구우면
식감도 좋고 맛도 더욱 달착지근해진다.

Ready
통삼겹살 300g(2cm 두께), 방울양배추 10~12개, 적양파 1/2개, 마늘 1쪽, 타임
2~3줄기, SH드레싱 2큰술, 홀그레인 머스터드 1큰술, 올리브 오일 적당량, 다진
파슬리·소금·통후추 약간씩
고기 양념(올리브 오일 1큰술, 타임 가루 1/2작은술, 소금·통후추 약간씩)

Cooking
1 통삼겹살을 실온에 1시간 정도 미리 꺼내놓았다가 고기 양념 재료에 30
  분간 재운다.

2 방울양배추는 씻어서 체에 밭쳐둔다. 적양파는 웨지 모양으로 썰고, 마
  늘은 저민다.

3 팬을 달군 후 중간 불로 낮추고 올리브 오일을 살짝 두른 다음 방울양배
  추를 물기 있는 채로 올려 소금을 살짝 뿌려 노릇하게 구워 꺼낸다.

4 ③의 팬에 적양파를 올려 굽다가 노릇해지면 뒤집어 구워 꺼내고, 마늘
  도 구워서 꺼내놓는다.

5 ④의 팬에 재워둔 통삼겹살을 올리고 올리브 오일을 조금 뿌려 겉면이
  노릇하고 바삭해질 때까지 구워 꺼낸다. 팬의 잔열을 이용해 타임 줄기
  를 향이 나도록 살짝 굽는다.

6 접시에 방울양배추를 담고, 드레싱을 뿌린다. 한쪽에는 삼겹살을 담고
  타임 줄기를 올린다. 적양파와 마늘을 골고루 올린 후 다진 파슬리와 통
  후추 간 것을 뿌리고, 홀그레인 머스터드를 곁들인다.

Hint 방울양배추가 노릇하게 구워지면 팬에서 꺼내놓아야 색깔이 예쁘게 유지된다.
     육류는 실온에 두었다 구워야 육질이 부드럽다.

연어 꼬치구이와 오이 샐러드
Salmon with Cucumber

35min

그릭 요구르트에 오이, 마늘, 레몬 등을 넣어 만드는
그리스식 소스 차치키(Tzatziki)를 응용해 그릭 요구르트에 오이, 소금, 통후추를
섞어 소스를 만들었다. 상큼한 소스가 구운 연어와 잘 어울린다.

Ready
연어 200g, 오이 1개, 그릭 요구르트 2큰술, 올리브 오일 1큰술, 딜잎·딜 가루·핑크
페퍼·소금·통후추 약간씩, 피타빵 2개(p.32 참조)

Cooking
1 연어는 가로세로 3~4cm 크기로 깍둑썰기해 꼬치에 꽂은 후 올리브 오
   일과 소금, 통후추 간 것을 살짝 뿌린다.
2 달군 팬에 ①을 올려 중간 불에서 돌려가며 굽는다.
3 오이는 씻어서 0.2~0.3cm 두께로 송송 썬다.
4 볼에 그릭 요구르트와 오이를 넣고 소금, 통후추 간 것을 약간씩 넣어 섞
   는다.
5 ②의 연어 꼬치구이를 꼬치째 접시에 담은 후 딜잎과 핑크 페퍼를 뿌린다.
6 작은 볼에 ④를 담아 딜 가루와 통후추 간 것을 살짝 뿌린 후 연어꼬치
   구이에 곁들이고, 피타빵도 함께 곁들여 낸다.

Hint 연어는 밑간하지 않고 팬 위에서 소금, 통후추 간 것을 뿌리며 구워도 된다.

PART 6

디저트로 먹는 샐러드

salad

그릭 요구르트 파인애플구이
Roasted Pineapple

15min

파인애플은 살짝 구우면 신맛이 옅어지고 즙도 흐르지 않아서 깔끔하다.
그릭 요구르트와 코코넛, 민트잎의 조화를 좋아하는데
파인애플구이에도 이 조합이 잘 어울린다.

Ready

파인애플 4조각(링 모양), 그릭 요구르트 4큰술, 코코넛 채 1큰술, 발사믹 식초
1큰술, 민트잎·통후추 약간씩

Cooking

1 파인애플은 종이 타월로 즙을 살짝 닦은 뒤 달군 팬에 올려 노릇하게 앞
   뒤로 굽는다.

2 접시에 파인애플을 담고 그릭 요구르트를 숟가락으로 떠서 가운데 올린다.

3 요구르트 위에 민트잎과 통후추 간 것을 올리고 코코넛 채를 자연스럽게
   뿌린다.

블루베리 페타 치즈

Blueberry with Feta Cheese

10min

학생 시절 니스 여행길에 한 식당에서 옆 테이블을 보고 시켰던
블루베리 디저트는 페타 치즈와 발사믹 식초의 어울림이 신기했다.
지중해 지방에서는 각종 과일을 치즈와 곁들여 먹곤 한다.

Ready

블루베리 4큰술, 페타 치즈 2큰술, 발사믹 식초 1큰술, 민트 가루·통후추 약간씩

Cooking

1 블루베리는 씻어서 물기를 빼고, 페타 치즈는 숟가락으로 툭툭 부순다.

2 접시에 블루베리를 올리고, 페타 치즈를 안쪽에 모아 담는다.

3 치즈 위에 민트 가루와 통후추 간 것을 뿌리고, 먹기 직전에 발사믹 식초
   를 두른다.

Hint 프랑스 과일 시럽 중 '떼세르', '모닝' 등의 제품을 즐겨 쓴다.

오렌지 컵 샐러드
Fruits Orange Cup

15min

오래전 프랑스 친구 집에 초대받아 갔을 때, 속을 파낸 동그란 오렌지 껍질
그릇 속에 여러 가지 모둠 과일을 담아 디저트로 낸 것을 보고 깊은 인상을 받아
그 후 나도 종종 손님 초대에 활용한다. 프랑스에는 과일 시럽 종류가 다양한데
그중 석류 시럽이 잘 어울려서 즐겨 이용한다.

Ready
오렌지 2~3개, 다양한 과일 적당량(키위, 딸기, 블루베리, 석류 등), 타임 2~3줄기,
석류 시럽(또는 과일 시럽) 1/2큰술, 발사믹 식초 1/2큰술, 민트 가루 약간

Cooking
1 오렌지는 씻어서 윗부분을 2cm 정도 가로로 자르고 칼과 숟가락을 이용
   해 속을 파낸다. 톱날 과일 칼로 속을 돌려 파면 쉽다.
2 파낸 오렌지 과육은 깍둑썰기한다. 키위는 껍질을 벗겨 오렌지와 비슷한
   크기로 썰고, 딸기는 꼭지를 따고 2~4등분한다.
3 블루베리는 씻어서 물기를 빼고, 석류는 반으로 갈라 알만 털어낸다.
4 오렌지 껍질 그릇에 손질한 과일들을 섞어 담고 타임 줄기를 올린다.
5 석류 시럽과 발사믹 식초를 섞어서 뿌리고 민트 가루로 마무리한다.

민트잎 올린 구운 바나나

Roasted Bananas

15min

바나나는 구우면 당도가 올라간다. 버터에 구워 시나몬을
뿌리는 달콤한 디저트와 구운 바나나에 리코타 치즈, 민트잎을 올려
부드럽고 향긋한 디저트를 즐겨 만든다.

Ready(4인분)
바나나 4개, 호두 2큰술, 리코타 치즈 2큰술, 민트잎·통후추 약간씩

Cooking
1 바나나는 껍질을 벗겨 양끝을 조금씩 잘라낸다.
2 달군 팬에 호두를 기름 없이 굽는다.
3 리코타 치즈는 숟가락으로 툭툭 부수고, 민트잎은 다진다.
4 팬을 달군 후 중간 불로 낮추고 바나나를 앞뒤로 노릇하게 굽는다.
5 접시에 바나나를 담고, 리코타 치즈와 민트잎을 올린다.
6 구운 호두를 올리고, 통후추를 갈아 리코타 치즈 위에 뿌린다.

Hint 팬을 잘 달군 후 바나나를 구워야 붙지 않는다. 바나나는 너무 무르지 않고 크기가 적당한
것을 골라야 구울 때 잘 뒤집어지고 구운 모양새도 좋다.

Hint 무지개를 떠올리며 컬러의 순서를 정한다.

무지개색 과일 칵테일

Fruits Cocktail

25min

손님이 많이 올 때면 디저트로 꼭 준비하는 게 과일 칵테일이다.
뷔페식 차림에서 큰 볼에 화려하게 담거나 유리컵에 각각 담아 모아놓으면
그 자체로 장식이 된다. 갖가지 과일을 섞는데 키위는 꼭 챙겨 넣는다.
새콤한 맛과 녹색 컬러가 생기를 전한다.

Ready
딸기 8~10개, 키위 2개, 파인애플 4쪽, 블루베리 4큰술, 민트잎 약간, 석류 시럽
2큰술, 발사믹 식초 1큰술

Cooking
1 딸기는 꼭지를 따 흐르는 물에 씻고, 키위와 파인애플은 껍질을 벗긴다.

2 딸기는 2~4등분하고, 키위와 파인애플도 딸기와 비슷한 크기로 썬다.

3 각각의 과일에 석류 시럽을 조금씩 나누어 뿌려 섞는다.

4 유리컵에 블루베리→키위→파인애플→딸기 순으로 담고 민트잎을 올린다.

5 먹기 직전에 발사믹 식초를 뿌려 낸다.

Index

나의 프랑스식 샐러드

초판 1쇄 발행 2020년 7월 5일
초판 14쇄 발행 2023년 5월 10일

지은이   이선혜

펴낸곳   브.레드
책임 편집   이나래
교정·교열   전남희
사진   스튜디오 일오 이과용
디자인   아트퍼블리케이션 디자인 고흐
마케팅   김태정
그릇 협찬   장바티스트 아 드 베 02-515-9556
인쇄   (주)상지사 P&B

출판 신고 2017년 6월 8일 제2017-000113호
주소 서울시 중구 퇴계로 41길 39 703호
전화 02-6242-9516 | 팩스 02-6280-9517 | 이메일 breadbook.info@gmail.com

b.read   브.레드는 라이프스타일 출판사입니다. 생활, 미식, 공간, 환경, 여가 등
          개인의 일상을 살피고 삶을 풍요롭게 하는 이야기를 담습니다.